JN218191

関西の私鉄

昭和30年代〜 50年代のカラーアルバム

写真／野口昭雄
解説／山田 亮

山陽電鉄に乗り入れた阪急3000系（先頭は3068）。3000系は神戸線用として1964（昭和39）年に登場。車体は2000系と同じだが、モーター出力など性能面が改善されている。1968（昭和43）年4月、神戸高速鉄道が開通し、山陽電鉄の西代―電鉄兵庫間が廃止され、高速神戸を通って阪急、阪神と直通した。◎電鉄須磨〜須磨浦公園　1970（昭和45）年8月30日

.....Contents

1章 大手私鉄

近畿日本鉄道 ································ 6

京阪電気鉄道 ································ 46

阪急電鉄 ···································· 64

南海電気鉄道 ································ 84

阪神電気鉄道 ································ 106

2章 準大手私鉄と地下鉄

山陽電気鉄道 ································ 124

泉北高速鉄道 ································ 136

神戸電鉄 ···································· 137

大阪市交通局 ································ 140

北大阪急行電鉄 ······························ 146

神戸市交通局 ································ 152

※神戸電鉄は2005（平成17）年4月1日に、準大手私鉄から中小私鉄へと移行した。

11001系の南海線準急。11001系は南海初の高性能車で1954（昭和29）年登場でオールMである。この車両は初期の前面貫通型。初期タイプは昇圧（1973年10月、600V→1500V）の際、対応工事が行われず廃車になった。この付近は大阪湾に近接し、車窓から淡路島を望むことができる。◎鳥取ノ荘　1962（昭和37）年9月

3章 路面電車

京都市交通局 ………………………… 156
大阪市交通局 ………………………… 166
神戸市交通局 ………………………… 178
阪堺電気軌道 ………………………… 180
三重交通 ……………………………… 182

4章 個性あふれるローカル私鉄

能勢電気鉄道 ………………………… 186
京福電気鉄道 北野線 ………………… 188
京福電気鉄道 鞍馬線、八瀬線 ……… 190
近江鉄道 ……………………………… 196
奈良電気鉄道 ………………………… 202
信貴生駒電鉄 ………………………… 203
紀州鉄道 ……………………………… 204
野上電気鉄道 ………………………… 206
江若鉄道 ……………………………… 210
奈良ドリームランド ………………… 214
水間鉄道 ……………………………… 216
有田鉄道 ……………………………… 216
和歌山電気軌道 ……………………… 217
淡路交通 ……………………………… 217
北丹鉄道 ……………………………… 218
三重電気鉄道 ………………………… 219
別府鉄道 ……………………………… 222

巻頭言

　私が野口昭雄氏のお名前を最初に拝見したのは小学校4年生だった1960年代前半のころである。物心ついたころから「電車」「汽車」に関心を持っていたが周りには同じような鉄道好きはいなかった。そんな私にとって、「鉄道趣味の月刊誌」の存在、そして「鉄道」についていろいろと調べたり、写真を撮っている人がいることを知った時の驚きと嬉しさは今でも忘れない。

　その頃から月刊「鉄道ファン」誌を毎月買い始めた。同誌は1961（昭和36）年に創刊され今日に至るまで60年近くにわたって連綿と発行されているが、毎月の発売日が楽しみで、手に入れるやいなや隅から隅まで読みふけったことは言うまでもない。その筆者の方々のなかで気になるお名前があった。それが野口昭雄氏だった。そのころ野口氏は同誌に「関西地方における国鉄・私鉄、対抗(ライバル)線描写(スケッチ)」と題した記事を連載されていて、関西の国鉄と私鉄が競争する様子を車両だけでなく、歴史から列車運行状況、沿線の様子まで細かに描写されていて何度も繰り返して読んだ。今でも覚えているフレーズがある。「昨年（1963年）地下延長した阪急京都線は増備に3扉オートカー（2300系）を充当したが思わしくなく、それに対し京阪の方がよいらしく、特急のクロスシート1900系に対し、今年度特急専用のロマンスシート車（2800系）を新製し客の誘致に努めるとのことである。この例の如く関西の人は勘定高い。京阪神間をゆれるロングシートの4扉の国電に好んで乗る人は少ないだろう」(鉄道ファン1964年8月号P45)

　さて、野口氏の私鉄写真は近鉄が比較的多い。それらを拝見して、私自身の半世紀前の記憶が見事によみがえった。私の父母は関西の出身で、小中学生の頃、何度も近鉄奈良線沿線の親戚宅で過ごした。小学生の頃は新生駒トンネルが建設中で、特急は鹿をあしらった特急マーク（バンビマーク）付きの中型車800、820系で、急行は400系、600系などの小型車中心だったが、820系が入ることがあり、それが来ると嬉しかったことを覚えている。トンネルに入る前、石切付近で大阪平野を見下ろす雄大な車窓風景は今でも変わらない。上本町駅で名古屋行き特急ビスタカーや昭和初期の名車2200系の宇治山田行き急行を飽かずに眺めていたことも懐かしい思い出だ。急行の下り先頭に連結されていたモニ（国鉄流ならクモハニ）2300形の区分室（戦前、皇族などVIPのために設けられた）を「発見」した時の驚きは今でも鮮烈だ。

　阪急沿線の親戚宅を訪ねたとき、壮大なドーム屋根に覆われた阪急梅田駅から乗った。このような巨大な駅は関東にはない。関西私鉄の凄さと先進性を子供の頃から体験できたことは私にとって貴重な財産で、レールファン人生を決定づけたともいえよう。

　関西私鉄の魅力はスピードや一方向きロマンスシートだけではない。堂々たる複々線区間、頭端式ホームに電車が頭をそろえてずらりと並ぶ巨大なターミナル、都心を発車した電車が市街地を抜け33‰や50‰の山越えに挑戦する光景は当時の関東私鉄にはない。さらに、野口氏の写真は休みの日にカメラ片手に気軽に撮られている。遠隔地へ行かずとも、無理せず日帰りの範囲内で「今撮れる」電車や列車を撮る。古いものを追いかけるだけでなく「来るもの」はすべて撮る。画像も決して奇をてらわず記録に徹する。この野口氏の撮影態度こそ、仕事と趣味の両立につながり、後に続くレールファンが見習うべきであろう。

　本書の写真は単に車両だけでなく、背後に写る駅施設や街並み、人々の服装や表情にも見るべきものが多い。本書で関西私鉄の魅力を楽しんでいただきたい。

2019年5月　山田亮

1章
大手私鉄

神戸高速鉄道を経由して山陽電鉄に乗り入れる阪神電鉄の7801系の特急5両編成（先頭車は7802）。7801系は1963（昭和38）年登場で1961年登場の7601系と同様にMT編成である。神戸高速鉄道は車両を持たず線路だけを保有する鉄道で、現在の第3種鉄道事業者に該当する。◎電鉄須磨〜須磨浦公園　1970（昭和45）年8月30日

近畿日本鉄道

大和川鉄橋を渡る10000系ビスタカー（ビスタカー I 世）。1958（昭和33）年に登場。1編成7両で中間の3両は世界初の2階電車として大いにPRされたが先頭車のデザインは「蚕（かいこ）」を連想させたためか、評判はあまりよくなかった（明治時代末期に大阪市電に「2階電車」があったから世界最初とは言い難いが）。◎安堂～河内国分　1958（昭和33）年7月

1958（昭和33）年登場のビスタカー10000系（ビスタカー I 世）、1編成だけ製造され、大阪～上本町～宇治山田間で運行され前面に「あつた」の愛称表示がある。1966年12月、追突事故で宇治山田方の10007が大破し、復旧にあたりエースカーと同様の貫通ドア付きスタイルになった。1971（昭和46）年に廃車。画面後方に大和川が見える。◎安堂～河内国分　1958（昭和33）年7月

1958 (昭和33) 年に登場した近鉄最初の2階建て電車10000系 (ビスタカーⅠ世) の2階部分への階段。7両編成のうち中間の3両が3車体4台車の付随車で、その両端が2階建てとなっている。2階部分ビスタ・ドームと呼ばれ1人掛と2人掛シートが並び、1階部分は2人掛シートが並ぶ。階段付近のデザインは秀逸で現代でも通用する。◎1958 (昭和33) 年6月

10100系ビスタカー（ビスタカーⅡ世）、後部に11400系エースカーを連結している。10100系は3車体4台車の連接車（中央の車両が2階建て）で大阪方流線形（A）、名古屋方流線形（B）、両方向とも貫通型（C）の3タイプがあり、パンタグラフは大阪方の車両に装備されている。
◎長谷寺　1963（昭和38）年11月

ビスタカー10100系（A編成）の大阪方モ10100の車内。回転式クロスシート（いわゆるロマンスシート）が並び当時の国鉄特急車と同じレベル。各座席にシートラジオがあり、イヤホーンが取付けられている。国鉄と異なるのは出入口ドアと客室の仕切りがないことで、冬季には停車中に冷たい空気が直接車内に入り寒いとの声もあった。

ビスタカー10100系（B編成）の名古屋方モ10300の車内。座席を進行方向の後ろから見たところ。座席は国鉄特急と同様の2人掛けだがシート間隔が国鉄より1センチだけ広い92センチで、座席の後ろにはテーブルとアミ袋がある。中間の2階建て10200形には列車公衆電話があり、走行中の車内から電話ができた。

伊勢中川の短絡線を行く10100系ビスタカーA編成（大阪方が流線形）。名阪ノンストップ特急は直通運転開始後も伊勢中川に運転停車して向きを変えていたが、1961（昭和36）年3月から伊勢中川駅の北側に短絡線（単線）が設けられ短絡線を経由し、文字通りノンストップとなった。
◎1963（昭和38）年1月

大和八木付近を走る近鉄名阪ノンストップ特急。名古屋方流線形のB編成と、両端が貫通型のC編成を併結。撮影された1962（昭和37）年5月6日は日曜日で振替休日制度がない時代は祝日と日曜が続く貴重な連休で、5月4日を休めば3日とあわせて飛び石4連休であった。特急ビスタカーはもちろん満席である。
◎1962（昭和38）年5月6日

近鉄ビスタカー10100系（ビスタカーⅡ世）は、1959（昭和34）年12月12日の名古屋線広軌化に伴い名阪特急として運転開始。この時点では伊勢中川に運転停車して方向を変えていた。写真の列車は名古屋方流線形のB編成と大阪方流線形のA編成を併結したもっとも整った編成美である。

近鉄10100系ビスタカーによる主要駅停車の名阪「乙特急」。近鉄名阪特急にはノンストップの「甲特急」と主要駅停車の「乙特急」があった。ノンストップの甲特急は伊勢中川に立ち寄らず短絡線を経由したが、主要駅停車の乙特急は伊勢中川に停車して向きを変えた。◎伊勢中川　1963（昭和38）年1月

長谷寺付近を行く名古屋発上本町行き特急ビスタカー。6両だが後部3両は10400系エースカー。この長谷寺付近は33‰勾配が続くが特急は100キロで走る。この付近は戦前の2200系の時代から現在に至るまで撮影名所である。◎1963（昭和38）年11月

桜咲く長谷寺付近をゆくビスタカー10100系。両端が貫通型のC編成。ビスタカーII世は流線形先頭車のデザインが優れていたが、貫通型先頭車も「味」のあるデザインで、前面展望が楽しめた。これは国鉄特急では絶対に味わえないことで、客室先端からずっと前を眺めている乗客もいた。
◎1962（昭和37）年4月

近鉄ビスタカー10100系には3タイプがあった。名阪ノンストップ特急は通常6両で運転され、手前は両端に貫通ドアのあるC編成。名阪間は最終的には2時間13分、完全1時間間隔で運転され、ライバルの東海道線特急と同じ時間になったが、東海道特急は名阪間だけの特急券入手が難しく、多くの乗客が近鉄特急を利用した。◎河内国分　1960（昭和35）年1月

試運転中の近鉄オール2階電車20100系。「あおぞら」のマークと試運転の表示板が前面に掲げられている。◎名張　1962（昭和37）年4月

1962（昭和37）年に修学旅行、団体用として登場した近鉄「オール2階電車」20100系の中間車20200形の機器室部分を開いたところ。20100-20200-20300の3両固定編成で、両端が電動車。中間の20200形は付随車だがパンタグラフがあり、階下には客室がなく主要機器が集約されている。この発想は1992（平成4）年登場のJR東日本215系に受け継がれている。◎1962（昭和37）年4月

鳥羽を発車する11400系エースカーを先頭にした上り特急。写真右は国鉄鳥羽駅でキハ58系が止まっているが、志摩線は志摩電気鉄道時代には画面右側の国鉄構内からでていたが、1970（昭和45）年に近鉄鳥羽線が開通し志摩線も左側（海側）に移動した。写真中央奥は鳥羽と蒲郡を結ぶ名鉄海上観光船「鳥羽パールライン」のターミナル。◎1976（昭和51）年10月

6800系は1957（昭和32）年に登場した全電動車方式（オールM）の高性能通勤車。4ドアで近鉄通勤車タイプを確立した。高加速、高減速でウサギのピョンピョン跳ねるように走ることからラビットカーの愛称がつき、オレンジと白線の塗装になったが後に他線と同様のマルーンになった。当初は主として普通電車に使用された。
◎矢田～河内天美　1957（昭和32）年11月

近鉄南大阪線6801系（後の6411系）2両編成で、手前がク6701形（6702）2両目がモ6801形である。6801系は1950（昭和25）年に南大阪線で戦後初の新車としてクリームと青の塗色で登場。1957（昭和32）年に名古屋線に移り6411系（モ6411、ク6521）となったが、1959（昭和34）年に南大阪線に戻った。右は吉野鉄道から引き継いだ木造車。当時の木造省線電車と同じタイプである。◎1955（昭和30）年2月

長谷寺付近を行く2250系の上本町発宇治山田行き「伊勢特急」（最後部は2251）。後ろから2、3両目はサ3000形で屋根上の突起は冷房装置。国鉄への対抗のため1957（昭和32）年から冷房化された。ビスタカー登場後も伊勢特急として運行されたが、1963（昭和38）年、エースカー 11400系の登場で一般車に格下げされ3ドア化された。◎1962（昭和37）年4月

2250系の特急「あつた2号」宇治山田行き。モ2250（先頭車は2252）-サ3000-サ3000-モ2250の4両編成。モ2250は両運転台で便所、洗面所はサ3000に設置された。愛称も大阪発午前が「すずか」午後が「あつた」、名古屋発午前が「かつらぎ」午後が「なにわ」で正面に愛称板が掲げられた。上本町〜布施間複々線化工事の着工直前で写真左側は家屋が取り壊されている。◎今里　1955（昭和30）年2月

大和川鉄橋を渡る近鉄2250系の大阪上本町発宇治山田行き特急。撮影時（1957年）は名古屋線が狭軌（1067mm）のため、伊勢中川で名古屋線の特急に接続した。2250系は1953（昭和28）に登場した特急用車両。クリームと紺の塗分けで、その端正な外観はまさに「正統派特急車」である。◎安堂〜河内国分　1957（昭和32）年5月

近鉄名古屋線の特急用6421系による伊勢特急。6421系は1953（昭和28）年に登場、当時狭軌だった名古屋線用で大阪線特急に接続し伊勢中川〜名古屋間で運行された。2両目のク6571形には冷房装置が設置され、モ6421形に冷房ダクトで冷風が送られた。電車の背後に見える架線柱は大阪線と名古屋線を結ぶ短絡線。
◎伊勢中川　1963（昭和38）年1月

近鉄名古屋線特急6421系。6421系は当時狭軌（1067mm）だった名古屋線特急用として1953（昭和28）年に登場し、同時に登場した大阪線特急2250系とほぼ同じ外観であるが、車体長が19mで2250系より窓が1個（座席1列）少ない。ビスタカー登場後も名古屋〜宇治山田間の伊勢特急として運行されたが、後に一般車に格下げされた。◎伊勢中川　1963（昭和38）年1月

近鉄南大阪線の5800系3両（先頭は5808と思われる）。5800系は大阪鉄道（近鉄南大阪線の前身）時代の木造車の台車、機器を再利用し車体を鋼製化した車両で、片運転台だった。◎大阪阿部野橋　1957（昭和32）年3月

大阪阿部野橋を発車する近鉄南大阪線の木造電車3両編成。先頭車5606号はモ5601形で卵型と呼ばれる木造車で、関西の私鉄に多いタイプだった。モ5601形は近鉄南大阪線の前身である大阪鉄道が1923（大正12）年に投入したわが国初の直流1500V電車だった。1955〜56年に車体が鋼製化されモ5801形になり、後に近鉄養老線で運行された。
◎1955（昭和30）年12月

奈良線中形車800系（先頭は810）。
800系は1955（昭和30）年登場の中
形車で前面2枚窓、サッシュレス下降
窓、2ドアロングシートの優美なスタ
イルで特急（鶴橋〜大和西大寺間ノ
ンストップ）として運行された。写真
の電車は大阪（上本町）〜西大寺間
の臨時急行。3両編成で登場したが、
1958（昭和33）年から4両となった。
◎鶴橋　1961（昭和36）年10月

大阪線と奈良線の複々線区間を行く奈良線820系の急行。820系は奈良線用の中型車で、1961（昭和36）年に登場した。特急用800系の改良型で2両固定編成。連結のため正面に貫通ドアを設け、側面も両開きドアになった。奈良線では特急のほか、急行（当時は旧型車で運行）に使用されることもあった。◎鶴橋　1961（昭和36）年11月

奈良市内の併用軌道区間を行く奈良線小形車モ600形（先頭は625）の急行上本町行き。600形は奈良線用として1935（昭和10）年から投入された車体長15メートル、車体幅約2.59メートル（大阪線は約2.74メートル）の2ドア小型車。先頭の625は戦後の輸送難緩和のため1947（昭和22）年以降に登場した。写真右奥は地上にあった近鉄奈良駅。当時の近鉄一般車はグリーンだった。◎油坂〜近鉄奈良　1956（昭和31）年5月4日　撮影:荻原二郎

鶴橋を発車する大型車900系の普通瓢箪山行き。900系は1961（昭和36）年、上本町〜瓢箪山間の限界拡幅に伴い登場した。この時点では同区間の普通に使用された。塗色はベージュに青帯であるが後にマルーンになった。上本町〜布施間は1956（昭和31）年12月に複々線化が完成し、奈良線と大阪線が分離された。◎1961（昭和36）年11月

近鉄の旧型車1200系の上本町発名張行き準急。1200系は1930（昭和５）年、大阪電気軌道（近鉄の前身）大阪線用として登場した20メートル車。中間はク1560形で両端がモ1200形。最後部（上本町方）のモ1201はラッシュ時の混雑対策で両開きドアに改造されている。◎長谷寺　1962（昭和37）年４月

近鉄大阪線用の通勤車モ1480系。1470系の改良型で1961（昭和36）年に登場した。MMユニットだが制御車ク1580形を連結し3両編成で運行。南大阪線6800系に始まる近鉄の4ドア通勤車で最初はクリームに青帯塗装だったが後にマルーン塗装になった。大阪線上本町〜名張間で準急、普通として運行。◎長谷寺　1963（昭和38）年11月

1460形2両（先頭は1463）の上本町〜信貴山口間普通電車。1957（昭和32）年登場の近鉄初の量産形高性能通勤車で、MMユニット方式で、3ドアロングシートだが、その後は近鉄の通勤車は4ドアが標準となったため過渡的な存在である。登場時はクリームに青帯の塗装だったが後にマルーンになった。1975（昭和50）年に名古屋線に転属した。◎布施　1957（昭和32）年4月

近鉄大阪線1470系、1959 (昭和34) 年から製造された4ドア高性能通勤車で現在の近鉄通勤車スタイルを確立した。登場時はクリームに青帯の塗色で、主として大阪線近郊区間の各停に使用された。写真の電車には「大阪〜信貴山口」の行先札があり、河内山本で分岐し信貴山口で信貴山ケーブルカーに連絡している。◎河内山本 1960 (昭和35) 年1月

近鉄田原本線を走る木造、正面5枚窓のモ200形。画面右側は
近鉄橿原線。1918（大正7）年、大和鉄道により新王寺〜西田原
本間が開業（当時は非電化、狭軌）戦後の1948（昭和23）年に電
化、広軌化、1961（昭和36）年10月に信貴生駒電鉄が大和鉄道
を合併。1964年10月、信貴生駒電鉄は近畿日本鉄道に合併され
て田原本線となる。◎西田原本　1963（昭和38）年11月

長谷寺付近を行く昭和初期の名車2200系による大阪上本町発宇治山田行きの急行。先頭は荷物室と区分室のあるモニ（国鉄流ではクモハニ）2300形。グリーンから赤味がかったマルーンへの塗替えが進んでいる。3両目は1939（昭和14）年登場の転換式クロスシート2227系。後部2両は3ドア化されて一般車に格下げされた元特急用2250系。◎1963（昭和38）年11月

新生駒トンネル西側（石切方）を出る800系特急上本町行き。新トンネル開通まもない同年10月から大型車が奈良線全線で運転を開始した。画面左側（北側）に旧トンネルと廃止された孔舎衛坂駅があった。現在は並行して近鉄けいはんな線生駒トンネル（4,705メートル）が建設されている。
◎1964（昭和39）年7月24日

1914（大正3）年4月、大阪電気軌
道（近鉄奈良線の前身）上本町～奈良
間開通時に建設された生駒トンネル
（3,388メートル）は断面が狭く大型車
両が走行できないため、新生駒トンネ
ル（3,494メートル）が建設され1964
（昭和39）年7月23日に供用を開始し
た。新トンネル東口（生駒方）をでる奈
良行き820系特急。右側に旧トンネル
と旧線がある。◎新生駒トンネル東口
1964（昭和39）年7月

奈良市内の路面区間を行く820系急行。奈良市内は1914年の開通以来道路上の併用軌道であったが、1969（昭和44）年12月に地下線に切り替えられ、国鉄奈良駅に近い油坂駅は廃止された。画面右側の近鉄奈良駅（地上駅）から道路上にでてくるところ。820系は特急のほか、一部の急行にも使用された。◎1964（昭和39）年　油坂〜奈良

石切付近を行く近鉄奈良線の中形車800系の特急。車両限界が狭く大型車が入線できなかった奈良線用として1955（昭和30）年に特急用として登場。この区間は瓢箪山から生駒トンネルに向かって33‰勾配を登り眼下に大阪平野が広がる雄大な眺めで、当時は田園風景が広がっていたが現在は完全に市街地化している。
◎石切付近　1958（昭和33）年2月

複々線化された今里付近を行く近鉄8000系の準急奈良行き。
8000系は1964（昭和39）年、奈良線新生駒トンネル開通時に
登場した4ドアの大型車で塗色は赤味がかったマルーンとなっ
た。鶴橋〜布施間は1975（昭和50）年に線路別から方向別に
切り換えられ、鶴橋では奈良線、大阪線の乗り換えが同じホー
ムでできるようになった。◎1976（昭和51）年11月

京阪電気鉄道

京阪電鉄500形509。500形は1926（大正15）年に登場した京阪初の半鋼製車。戦後の1954（昭和29）年から機器、台車などを再利用して車体が更新され、正面2枚窓の平凡なスタイルになった。1975（昭和50）年までに廃車。丹波橋駅では奈良電鉄（現・近鉄京都線）との相互乗り入れが行われ、写真左奥の架線柱は奈良電鉄、左下は京阪から奈良電鉄への連絡線である。◎丹波橋

京都市内、鴨川沿いを行く京阪600形。京阪600形は1927（昭和2）年に登場し、当初は1550形と称した。登場時は転換式クロスシートで2人並んで前向きに座れることからロマンスカーと呼ばれた。わが国最初のロマンスカーであるが後にロングシート化された。◎五条　1955（昭和30）年3月

鴨川と疎水に挟まれた堤防上を行く京阪600系。600系は昭和初期製造の2ドア600形を1961（昭和36）年以降に車体を新造し、機器、台車を流用し3ドアとした車両である。京阪は京都中心部を鴨川沿いに走っていたが、1987（昭和62）年5月に東福寺〜三条間の地下化が完成し、風情ある車窓は見られなくなった。◎七条〜五条　1963（昭和38）年2月

菊人形号の表示をつけた600系臨時急行枚方市行き。600系は昭和初期製造の元ロマンスカー600形、700形の機器を再利用し車体を新造したいわゆる車体更新車で1960（昭和35）年に登場した。写真左奥で交差している鉄橋は国鉄城東貨物線で、現在は複線電化されJRおおさか東線になっている。その先は蒲生信号場で複々線の始終点だった。◎野江　1962（昭和37）年9月

七条駅へ到着する1300形2両編成（2両目は1957年製造の1650形）、1300形は1948（昭和23）年に登場した戦後初の新車である。ホームには三十三間堂の看板が見え、左側には鴨川、右側には琵琶湖疎水が流れている。

1300形を大阪方に連結した特急。2・3両目は1700系である。当時の特急は2両または3両だった。手前は鴨川、線路の反対側には琵琶湖疎水が流れていたが、京阪線が地下化された際に、疎水も暗渠（あんきょ）となり、疎水の上部と線路跡は道路（川端通り）になった。◎五条　1954（昭和29）年11月

宇治行きの1300系普通電車（先頭は1312）、中書島から宇治線に直通する。1300系は戦時合併による京阪神急行電鉄（1943〜1949）時代の1948（昭和23）に登場した京阪線としては戦後初の新車である。撮影の1977（昭和52）年には4両編成で宇治線、交野線で運行された。地上線時代の四条駅には1972（昭和47）年まで京都市電との平面交差があった。◎1977（昭和52）年2月

八幡町（現・八幡市）付近をゆく1700系天満橋行き特急（先頭は1753）。1700系は1951（昭和26）年に登場し、転換クロスシートを装備し、戦前の「ロマンスカーの京阪」を復活させた。オレンジと赤の京阪特急色、正面の鳩マークも1700系で採用され、現在の8000系に受け継がれている。◎1955（昭和30）年4月

複々線区間を行く三条行き1810系特急（最後部は1818）。1953（昭和28）年から1800系、1810系特急車が登場し、翌1954年から一部車両に白黒テレビが取り付けられた。蒲生信号場（京橋〜野江間）〜守口市間4.2kmの高架複々線化は1933（昭和8）年に完成、急行線と各停線からなる複々線は当時の関東私鉄にはなく、関西私鉄の先進性の表われだった。
◎野江　1962（昭和37）年9月

1959(昭和34)年に登場した2000系。全電動車（後に付随車も連結した）で正面から見ると卵型の丸い車体と、正面上部の大きな2個の前照灯が特徴で「スーパーカー」と呼ばれた。写真右奥には特急車1810系、写真左は京阪の古豪である1928(昭和3)年製で両運転台の700形。◎守口車庫　1959(昭和34)年7月

四条駅に到着した京阪2000系普通淀屋橋行き（先頭車は2020）。2000系は1959（昭和34）年に登場した高性能通勤車で「スーパーカー」と呼ばれた。京阪本線系統の昇圧（600V→1500V、1983年12月実施）に対応できないため、1978（昭和53）年から車体、台車、機器を2600系に流用する形で廃車となったが、実際には2600系への更新である。◎1977（昭和52）年2月

四条駅に到着した京阪3000系特急淀屋橋行き（先頭車は3016）。3000系は特急の冷房化のため従来の1900系に代わり1971（昭和46）年に登場。背ずりが自動的に転換するクロスシートを備え、京阪伝統のテレビカーもカラーテレビとなって2両連結された。京阪の四条駅は阪急河原町駅へも近く「大阪へ京阪特急」の大きな看板が掲げられている。◎1977（昭和52）年2月

八幡町（現・八幡市）〜淀間のカーブを行く京阪1900系特急。1900系は1963年に登場した特急車。2ドア転換式クロスシートで一部車両は「テレビカー」、先頭車前面のバンパーが特徴。3000系登場後は3ドア化されて一般車となった。この付近で木津川、宇治川、桂川が合流し淀川となるが、広々とした眺めは今でも変わらない。◎1963（昭和38）年

八幡町〜淀間の木津川鉄橋を行く淀屋橋行きの京阪1900系特急6両編成（最後部は1923）。後ろから3両目は京阪名物のテレビカー。京阪の天満橋〜淀屋橋間は1963（昭和38）年4月に開業、悲願の大阪都心への乗り入れが実現し、同時に1900系特急車が登場した。従来の1810系の一部も編成に組み込まれていた。◎1970（昭和45）年

京津線20形22号。1914（大正3）年に製
造された京津電気軌道（京阪京津線の前
身）の木造電車を戦後に鋼製化した車両。
背後は京都の町屋が続く。◎三条　1955
（昭和30）年

京津線の勾配区間を行く200形2両連結の急行。200形は京阪線で運行されていたが1954（昭和29）年京津線に転入し急行（三条〜四宮間ノンストップ）に使用。この蹴上は路面区間のためホームが低く通過していた。◎蹴上　1957（昭和32）年7月

京津線の路面区間を行く260系。260系は京津線車両近代化のために1957（昭和32）年に登場したが、木造車の機器や台車を再利用した。急行用とされ、路面区間の停留場は通過した。現在はこの道路下を京都市営地下鉄東西線が通る。
◎蹴上　1957（昭和32）年7月

流線形60形。1934（昭和9）年に京阪本線、京津線直通運転用として登場したわが国初の連接車で「びわこ号」の愛称がある。前面は流線形で集電装置もパンタグラフ（京阪線用）、ポール（京津線用）の両方を装備し、ドアも京阪線の高いホーム、京津線の低いホームの両方に対応している。写真右に江若鉄道(1969年廃止)の浜大津駅が見える。◎浜大津　1957（昭和32）年9月

京津線80形。80形は1961（昭和36）年に登場したヨーロッパスタイルの完全な新車。京都市内の路面区間の駅（東山三条、蹴上、九条山、日ノ岡）は道路上のいわゆる停留場から乗り降りするため折り畳み式ステップがある。登場時はポール集電で単行（1両）運転だったが、1970（昭和45）年にパンタグラフ化され、2両連結で運転された。◎三条

京津線80形2両の四宮行き普通電車。京津線のうち三条京阪（京津線の三条を改称）〜御陵間は1997（平成9）年10月の京都市営地下鉄東西線開通時に廃止され、路面を走る光景は見られなくなった。写真の80形は1961（昭和36）年から製造され、正面は曲面ガラスを用いたヨーロッパ調のスタイルである。主として三条〜四宮間の普通に2両連結で運行された。◎三条　1976（昭和51）年4月

京津線70形72号の三条行き。70形は1940（昭和15）年以降に木造車の走行装置、部品を再利用して登場し、10両製造された。1949（昭和24）年8月7日早朝の四宮車庫火災で27両中22両が焼失。この70形は9両が焼失したがこの72号は東洋レーヨン工場で修理中のために難を逃れた。この車両はその後、寝屋川工場の入換車となった。◎四宮　1964（昭和39）年5月4日　撮影：荻原二郎

阪急電鉄

1938(昭和13)年に登場した宝塚線用の小型車600形。1960年代以降は今津線で運行された。車体幅が狭いためステップが取り付けられている。後に能勢電鉄と広島電鉄に譲渡された。

阪急箕面線を行く810系4両編成の普通電車。箕面線は宝塚線梅田－宝塚間とともに1910（明治43）年3月に開通した阪急最古の路線。810系は1950（昭和25）年に神戸線用に登場した阪急初の19m大型車で初期の車両は2ドアでドア間は固定クロスシート。後に全車が3ドア、ロングシート化され最後は宝塚線、今津線、箕面線で運行。◎牧落～箕面　1975（昭和50）年11月

阪急宝塚線を走る920系8両編成の普通電車。920系は1934（昭和9）年に登場し、900系とともに戦前の阪急を代表する車両であった。神戸線特急として運行され、高速を誇り「スピードの阪急」を確立した。戦後の1960～70年代には4両固定になり、宝塚線、今津線で運行されたが1982（昭和57）年までに廃車された。◎1976（昭和51）年4月

武庫川鉄橋を渡る阪急今津線の320系。320系は宝塚線用に製造された15メートル級の小型車で1935（昭和10）年に登場。神戸線に投入された900・920系（17メートル）を短縮した形態である。後年は宝塚線のほか今津線、甲陽線でも運行された。◎宝塚～宝塚南口

三宮を発車する神戸線1010系の特急梅田行き。1010系は神戸線用として1956（昭和31）年に登場した高性能車で、2ドア車と3ドア車がある。ファンデリアによる強制換気を行うため、通風機が屋根上に無い。写真左側のビルは阪急百貨店神戸支店で昭和戦前期のモダニズム建築だったが、1995（平成7）年1月の阪神淡路大震災で被災し取り壊された。◎1958（昭和33）年5月

1200系4両編成の急行梅田行き。1200系は1956（昭和31）年に宝塚線用として登場した。神戸線用1010、1100系と同じ車体で2ドアだが旧形車の台車、機器を流用した。後に3ドア化された。当時の宝塚線急行は十三〜石橋間ノンストップで石橋〜宝塚間が各駅停車だった。◎花屋敷 1957（昭和32）年4月

淀川鉄橋を渡る2300系急行。2300系は1960（昭和35）年に登場、神戸線2000系、宝塚線2100系と同様に自動制御による定速運転機能があり「人工頭脳電車」といわれた。マルーン一色ながら窓枠がアルミになり今に続く「阪急スタイル」が確立した。1959（昭和34）年2月に梅田〜十三間が3複線化され、京都線の電車は北側の新設線に乗り入れた。
◎1961（昭和36）年12月

中津〜十三間の淀川鉄橋を渡る1010系による神戸線特急。1010系は1956（昭和31）年に登場した量産型高性能車で宝塚線1100系と同形である。初期の車両は2ドアだったが、後期の車両は3ドアで登場した。（初期車も後に3ドア化）1010系は登場時4両固定編成だったが、1959（昭和34）年から5両固定編成になった。◎1964（昭和39）年10月

1963（昭和38）年6月、阪急京都線四条大宮〜河原町間が開通し、特急は2300系ロングシート車で運行されたが京阪間の乗客はクロスシートの京阪特急に流れ、利用は伸びなかった。そこで翌1964年に2800系が京都線特急用として登場した。2300系と性能は同じだが、ドア間は転換式クロスシートで人気を呼んだ。◎正雀車庫

1964（昭和39）年に登場した2800系、梅田方先頭車2811の車内。2800系は2300系と性能は同じだが、直通客誘致のためドア間に転換式クロスシートを10列配し、オリーブグリーンの座席、木目調内装の気品ある車内でドア横には補助席があった。当時は十三〜四条大宮間ノンストップ30分で落ち着いた車内だった。

京都線3300系の梅田行き急行。3300系は大阪市営地下鉄（現・大阪市高速電気軌道、略称大阪メトロ）堺筋線への乗り入れ用として1967（昭和42）年に登場した。地下鉄との相互乗り入れは1969年12月に開始。京都線、千里線系統の急行、普通としても運行され、50年間走り続けているが、廃車が始まっている。◎南茨木　1975（昭和50）年7月

箕面線牧落～箕面間を走る5100系8両編成。5100系は1971（昭和46）年に登場した量産型冷房車で神戸線、宝塚線、京都線の3線共通仕様。現在でも宝塚線で運行されているが、一部が能勢電鉄に譲渡されている。この電車は紅葉シーズンに運転される箕面発梅田行きの直通準急。背後には箕面観光ホテルが見える。◎1975（昭和50）年11月

大阪万博会場に近い南千里付近を行く阪急千里線。電車は2ドアの710系と思われる。背後に千里ニュータウンの高層住宅が並ぶが、手前側は万博会場建設の作業員宿舎が並ぶ。◎南千里付近　1970（昭和45）年

1970（昭和45）年に開催された日本万国博覧会（大阪万博）のため、会期中に千里線南千里〜北千里間に万国博西口駅が開設された（写真右方）。写真の車両は昭和初期に登場した新京阪鉄道（現・阪急京都本線）デイ100形で、名車として人気があった。背後に万博会場内のパビリオン（展示館）群が見える。◎1970（昭和45）年3月

阪急京都線の2300系急行7両編成（2305先頭）。特急の2800系2ドアクロスシート車に対し、急行は3ドア、ロングシートの2300系であったが、旧形車（1300系、時には戦前製の100系）で運行されることもあった。当時の南茨木付近は田園が広がっていた。◎南茨木　1970（昭和45）年8月29日

6300系による京都線特急河原町行き（先頭は6450）。6300系は1975（昭和50）年登場。性能は5300系と同じであるが、ドアは両端に寄せられ、すべて転換式クロスシートとなっている。屋根は白に近いベージュ色になり、従来のマルーン一色から変化している。2008（平成20）年から9300系に徐々に置き換えられ、2010（平成22）年1月に定期特急運用を終了した。
◎1975（昭和50）年7月

大阪市営地下鉄（現・大阪メトロ）堺筋線と阪急京都線、千里線との相互乗り入れ用として1969（昭和44）年に登場した6000系。30系と同様のアルミ車体で阪急乗入れのためパンタグラフ集電である。1969年12月に天神橋筋六丁目〜動物園前間が開通し、阪急との相互乗り入れを開始、当初は5両編成だった。◎南茨木 1976（昭和51）年9月

南海電気鉄道

難波駅を発車する南海キハ5501系2両編成の準急「きのくに」（先頭は両運転台キハ5551形）。1959（昭和34）年7月から難波から和歌山市を経由し東和歌山（現・和歌山）で国鉄紀勢本線の準急「きのくに」と併結して白浜口（現・白浜）まで運行。国鉄キハ55系同じ車体で窓下に南海の表示がある。1985（昭和60）年3月に廃止された。◎1962（昭和37）年9月

孝子〜紀ノ川間の孝子峠の勾配区間を行く11001系。現在、この区間は宅地開発され（ふじと台ニュータウン）、和歌山大学も移転したため2012（平成24）年4月に和歌山大学前駅が開業した。

孝子〜紀ノ川間の孝子峠を行く南海11001系。11001系は1954（昭和29）年に登場した南海初の高性能車で2ドア転換式クロスシート車、特急、急行で運行。初期車は正面貫通型だったが、1956（昭和31）年登場の後期型は前面がいわゆる湘南形2枚窓になった。この後期型が1973（昭和48）年の昇圧（600V→1500V）に1001系と改番された。

1916（大正5）年に山東軽便鉄道（軌間は1067ミリ）として伊太祈曽まで開通。1931（昭和6）年に和歌山鉄道に社名変更され、1933年に東和歌山（現・和歌山）〜貴志間が開通し1943（昭和18）年に電化。1957（昭和32）年に和歌山電気軌道と合併、1961年に南海電鉄に合併され貴志川線となる。2006（平成18）年4月、和歌山電鐵に営業譲渡された。手前のクハ802は元芸備鉄道のガソリンカーである。◎貴志　1966年（昭和41）6月4日　撮影:荻原二郎

天王寺駅に停車中の南海天王寺支線のED5200形重連の貨物列車（先頭は5201）。背後に国鉄関西本線のキハ35が停車している。ED5200形は南海電鉄の1500V昇圧（1973年）に対応して4両が製造され、1984（昭和59）年の貨物輸送廃止まで運行された。天王寺支線（天王寺〜天下茶屋2.4キロ）は1984（昭和59）年11月に天下茶屋〜今池町間が廃止。1993年3月末限りで全線廃止。◎天王寺　1964（昭和39）年5月4日　撮影:荻原二郎

難波を出発する南海線12001系。12001系は1954年に登場した前面貫通式の高性能車だが試作的要素が強くMcTc 2両編成が2本（4両）製造された。同時期製造の11001系がオールM車で各車にパンタグラフがあるのと異なっている。背後の難波駅は壮大なドーム屋根に覆われ、阪急梅田駅、近鉄上本町駅とならぶ関西私鉄の大ターミナルだった。◎1955（昭和30）年2月

難波を発車する1551系の急行「なると」。1551系は戦前形18メートル車1201系を戦後になりモーターの出力を増強した車両。急行「なると」は1955 (昭和30) 年3月に難波〜深日港間に運転開始され、淡路島洲本への連絡船に接続した。「なると」はみさき公園から多奈川線に入り、1551系の転換クロスシート車が使用された。◎1957 (昭和32) 年3月

難波を発車する多奈川行き急行「なると」。1551系3両でドア間に白いカバーが並び転換式クロスシートでるあることがわかる。1960 (昭和35) 年時点では、深(ふ)日港(けこう)〜洲本間に関西汽船が1日4往復 (所要1時間20分) で運行され、難波〜洲本間を2時間40分前後で結び、大阪から淡路島への最短ルートだった。◎1957 (昭和32) 年3月

難波〜天下茶屋間の複々線区間を行く南海線1521系。1521系は旧型車の機器を利用して1959（昭和34）年に登場した4ドア20メートル車。登場時の塗色は緑（ダークグリーン）にオレンジの帯が入っていた。画面後方で高架線が上りになる地点は関西本線、大阪環状線との交差で、1966（昭和41）年12月に新今宮駅が設置された。◎萩ノ茶屋　1962（昭和37）年1月

加太線を行く正面5枚窓タマゴ形の3両編成。先頭はクハ101形、2・3両目はモハ1021形。この正面5枚窓タマゴ形は1909 (明治42) 年に電2系として登場。1911 (明治44) 年の難波〜和歌山市間全線電化用に製造され、戦後は支線用として1960年代まで運行された。この形の電車は関西私鉄各社で運行された。◎1956 (昭和31) 年5月3日　撮影:荻原二郎

難波を発車する1521系。1521系は旧型車の機器を利用して1959 (昭和34) 年に登場した4ドア20メートル車であるが台車は空気バネ付き台車である。ドアは片開きで後の6000系、7000系に引き継がれた。

難波に到着する2001系3両の普通電車。2001系は1929（昭和4）年に登場した20メートル2ドア、クロスシートの大型電車で平行する阪和電気鉄道（1930年6月全通、現・阪和線）への対抗のために投入された。紀勢本線直通客車もこの2001系が牽引し1936（昭和11）年には一部が試験的に冷房車となった。後にロングシート化され1970（昭和45）年まで運行された。◎1955（昭和30）年12月

難波に到着する南海線7000系5両編成。7000系は1963（昭和38）年に登場した高性能車。4ドアだが片開きでドア間の窓が3個である。前年高野線6000系ステンレスカーと性能は同じだが普通鋼で緑の濃淡の塗分け。写真左側に見える白いビルは高島屋東館で現存し、現在「リノベーション計画」が進められている。

南海高野線の山岳区間を行く21201系。橋本〜極楽橋間は最大50‰の急勾配、急曲線が連続し、17メートル車しか入線できない。この車両は21001系と同じに見えるが台車が旧型の21201系である。21201系は火災事故で焼失した旧型車の台車、機器を再利用し、車体を新製して1957（昭和32）年に登場、後に空気バネ台車に取替えられた。

南海高野線6000系の堺東行き普通列車。6000系は1962
（昭和37）年登場の高野線用ステンレス車であり、翌年登場
の南海線用7000系と性能的にはほぼ同じ。関西私鉄で20
メートル4ドア車があるのは南海と近鉄、泉北高速、公営の
京都市営地下鉄だけである（過去には山陽電鉄にもあった）。
◎新今宮　1970（昭和45）年

7000系4両編成の和歌山市発難波行き普通列車（先頭は7041）。冷房化される前で窓が開かれ、爽やかな？風が車内に入ってくる。難波〜天下茶屋間は線路別複々線で、写真左側に高野線の萩ノ茶屋駅が見える。◎新今宮 1970（昭和45）年

高野線用の２ドア車21001系。南海線用11001系（後の1001系）と同じく正面２枚窓の湘南スタイルであるがは20メートル車11001系に対し21001系は橋本〜極楽橋間の急勾配、急曲線に対応し17メートル車である。平坦線での高速運転と50パーミルの急勾配区間での登坂性能をあわせ持ち、カメラのズームレンズに例えてズームカーと呼ばれる。1958（昭和33）年の登場で1997（平成９）年まで運行された。◎新今宮　1976（昭和51）年１月

南海高野線の6200系。6200系は高野線用として1974（昭和49）年に登場したステンレスカーで、6100系を改良型（MMユニット化）であるが角張った印象である。高野線では20メートル4ドア車は橋本まで運転されている。難波〜天下茶屋間3.0キロメートルは南海線、高野線の線路別高架複々線で1938（昭和13）年に完成した。◎新今宮　1976（昭和51）年1月

20メートル4ドアの高性能通勤車7000系に挟まれた、国鉄から借入れの高速度軌道検測車マヤ34。マヤ34は機関車に牽引され、走行しながら軌道状態の詳細な検索を行い、私鉄に貸し出されることもある。南海の線路幅は国鉄（JR）と同様の1067mm（狭軌）で、標準軌（1435mm）が主流の関西私鉄では少数派である。◎住ノ江

1961（昭和36）年、南海高野線の座席指定特急「こうや」号として登場した20000系。観光特急にふさわしい流線形の優雅なデザインでデラックスズームカーと呼ばれ、座席はリクライニングシートだった。1編成（4両）だけ製造され、虎の子的な存在で難波〜極楽橋間を1日2往復（冬季は運休）、極楽橋で高野山行きケーブルカーに接続した。◎極楽橋

春爛漫の４月、桜咲く沿線をゆく南海高野線特急「こうや号」。20000系特急車はデラックスズームカーと呼ばれた。高野山の桜の見ごろは例年４月下旬から５月上旬で街の桜が散ってからでも楽しめる。◎河内長野　1963（昭和38）年４月

高野線住吉東を通過する20000系特急「こうや号」。写真左の鉄橋は阪堺電気軌道上町線。背後の建物は市営住吉団地。30000系は1961（昭和36）年登場で「デラックスズームカー」と呼ばれた。1984（昭和59）年、30000系登場にともない引退した。◎1976（昭和51）年７月

南海電鉄軌道線上町線100形105号。100形は大正時代（1920年代）登場の木造車で屋根が二重である。上町線は1910（明治43）年に天王寺ー住吉間が開通した。背後の近鉄百貨店阿倍野店は現在あべのハルカスになっている。画面右に映画の看板があるが、当時テレビは普及しておらず映画が最高の娯楽だった。
◎大阪阿部野橋　1955（昭和30）年12月

阿倍野付近を行く南海電鉄軌道線（現・阪堺電気軌道）上町線500形503。1957（昭和32）年登場の高性能車で、同時期に登場した大阪市電3000形と似ている。冷房化されて現在も活躍している。写真中央に「阿倍野停留場、天王寺駅前行のりば」の看板が見える。◎1957（昭和32）年12月

阪神電気鉄道

梅田への地下線に向かって勾配を下る3011系3両編成の特急。3011系は阪神初の大型車、高性能車で、1954（昭和29）年9月から特急として運転を開始した。梅田〜三宮間ノンストップ25分で、これまで小型車ばかりだった阪神のイメージアップに貢献した。1993（平成5）年9月に地下線が福島〜野田間の中間地点まで延長され、現在この光景は見られない。
◎梅田〜福島　1955（昭和30）年12月

急行用「赤胴車」として1958（昭和33）年に登場した3501形の通勤急行。2両目は両運転台の3301形。
◎尼崎　1958（昭和33）年11月

阪神小型車800系5両の急行梅田行き。先頭の831は1928（昭和3）年登場で正面5枚窓貫通ドア付きだったが、戦時中に空襲で被災し復旧の際、正面貫通ドアがガラス張り折戸となり「喫茶店」と呼ばれた。この形状の車両は1936（昭和11）年登場の851形から出現している。運転室は進行方向左側にあり、最前部に立つとスリル満点でファンに人気があった。車体側面に張り出したステップも阪神小型車の特徴。◎魚崎　1955（昭和30）年5月4日　撮影:荻原二郎

3501形（先頭は3515）の急行。3501形は1959（昭和34）年に登場。両運転台の3301形とともに特急、急行に使用され「赤胴車」といわれた。8000系の増備に伴い1986（昭和61）〜1989（平成元）年に廃車された。写真の急行は梅田〜西宮間の運転で、西宮で折り返す。2001（平成13）年から西宮駅は高架化された。◎西宮　1961（昭和36）年12月

梅田駅。1939（昭和14）年３月、それまで出入橋付近にあった梅田ターミナルが地下線で約300メートル延長されて地下駅となり、国鉄・地下鉄との乗り換えが便利になった。80年経った現在でも基本的に変わらず、４線５ホームで乗車と降車が分離されているが、ホーム拡幅工事が始まっている。右が5201形の普通用「青胴車」、左が3501形の急行用「赤胴車」。
◎1962（昭和37）年２月

淀川鉄橋を渡る3561、3061形（先頭は3561）。1954（昭和29）年に製造された２ドア固定クロスシートの特急用3011形を1964（昭和39）年に前面貫通化、ロングシート化し、先頭車は3561形、中間車が3061形になった。大幅な改造で特急車時代の面影はなくなった。ドア間は広窓が３ヶ所で他車（狭窓４ヶ所）と異なる。◎淀川〜姫島　1987（昭和62）年11月

34）年に登場した。すばやく加速し減速することから「ジェットカー」と呼ばれる。両運転台が5101形で、片運転台が5201形である。先頭の5203は普通鋼で青とクリームの塗分けで「青胴車」または「ジェットブルー」とよばれる。◎西宮　1956（昭和31）年11月10日

阪神5201形の試運転だが、3・4両目（後部2両）は阪神初のステンレスカー（5201＋5202）で「ジェットシルバー」と呼ばれたが1977（昭和52）年に引退した。◎西宮　1956（昭和31）年11月10日

阪神5201形は普通車用5101形(両運転台)を片運転台、2両固定編成としたもので、1959(昭和34)年に20両製造され、うち5201＋5202は関西初のステンレスカーとし、「ジェットシルバー」と呼ばれた。◎住吉　1972(昭和47)年2月

野田駅を発車する元町発梅田行きの普通電車。車体下部が紺色で青胴車と呼ばれる。最後部は両運転台の5101形5105。前の3両は5201形か5231形である。
◎1970（昭和45）年

普通電車用の青胴車5201形（先頭は5210）。5201形は1959（昭和34）年に登場したMM方式の2両固定編成。2編成4両で運転された。◎1977（昭和52）年2月

阪神5231形5240を先頭にした元町行き普通電車。5201形の増備車で台車や駆動方式が変更されている。1961（昭和36）年から製造され、普通電車用で青とクリームの塗分けで「青胴車」と呼ばれ、特急・急行ダイヤへの影響を少なくするため、高加速・高減速で各駅に停まるため「ジェットカー」の愛称がある。◎1972（昭和47）年2月

高架化された野田に到着する普通電車用5201形（先頭は5209）。淀川にも近い大阪市福島区野田は交通の要衝で阪神の野田駅は大阪メトロ千日前線野田阪神駅、JR東西線海老江駅との乗り換え駅になっている。JR大阪環状線野田駅は同名だが直線距離で約600メートル離れている。◎1976（昭和51）年11月

7801系の甲子園発梅田行き準急（先頭は7823）。7801系は赤胴車と呼ばれる特急・急行用車両で、1963（昭和38）年から製造された。経済性を重視したMT編成である。◎野田　1976（昭和51）年11月

姫島～千船の神崎川（中島川）鉄橋を渡る3501系の急行。写真右が千船駅。この区間は1977（昭和52）年に高架化され、それに伴い鉄橋も架け替えられた。◎1977年1月22日　撮影:安田就視

阪神武庫川線の終点だった洲先に到着する3301形3302号の単行（1両編成）。ホーム1面だけで電車はそのまま折り返した。武庫川線は戦時中の1943（昭和18）年に軍需工場への貨物輸送、工員輸送のために西宮〜洲先間が突貫工事で建設された。国鉄の貨物と阪神が共用する区間は3線式（1067ミリと1435ミリ）だった。1984（昭和59）年4月に武庫川団地まで0.6キロが延伸された。◎1974年1月11日　撮影:安田就視

阪神の路面電車である阪神北大阪線と阪急電車の「出会い」。北大阪線は1914（大正3）年8月、野田〜天神橋筋六丁目間が開通した。右の電車は阪神1形10号で1927（昭和2）年以降に登場。左は阪急神戸線特急の3000系。この先で阪急の下をくぐり天神橋筋六丁目へ向かった。1975（昭和50）年5月5日限りで国道線、甲子園線とともに廃止された。
◎中津　1972年6月8日　撮影:安田就視

阪神国道線は現在の国道2号上に敷設された路面電車で、野田〜東神戸（後に西灘）間が1927（昭和2）年に開通。写真の200形（206号）は流線形で窓が大きく「金魚鉢」と呼ばれた。その優れたデザインは戦前の阪神間モダニズムの表われで現代でも十分通用する。阪神国道線は1975（昭和50）年5月全線が廃止された。
◎浜田車庫　1955（昭和30）年12月10日

近江鉄道、江若鉄道の時刻表

多賀大社・永源寺・醒ヶ井養鱒場 遊 （近江鉄道）電

36.8.1現在

キロ程	円	駅名			511	609	635	711	759	この間　米原発	1745	1819	1944	2019	…	2138
		米　原国発	…	…	511	609	635	711	759	八日市行 924. 1538	1745	1819	1944	2019	…	2138
5.8	20	彦　根国〃			523	622	647	722	811	貴生川行1011. 1132	1756	1832	2000	2034	…	2149
9.9	40	高　宮〃			531	629	654	730	823	1331. 1408. 1508.	1804	1839	2007	2042	…	2157
17.9	60	愛 知 川〃		538	545	642	708	745	837	1606	1818	1848	2021	2056	…	2211
25.3	90	八 日 市〃			609	658	719	758	856	949		1842	1922	2036	2117	2212	2223
37.8	140	日　野〃	535	604	636	726		825	924	1016	八日市発貴生川行	1920	1951	2103	2144	2238
47.7	170	貴生川国着	555	622	653	743	…	842	941	1033	1154. 1812	1937	2008	2120	2201	2255	…

キロ程	円	駅名			606	637	707	806	906	この間 貴生川発米	1920	1953	2030	2126	2208	2257
		貴生川国発	…	…	606	637	707	806	906	原行957. 1202. 1251	1920	1953	2030	2126	2208	2257
9.9	40	日　野〃			624	656	726	824	923	1443. 1535. 1708	1937	2011	2047	2144	2226	2314
22.4	80	八 日 市〃		523	604	655	723	756	850	949	八日市行1109. 1614	2003	2036	2117	2210	2252
29.8	110	愛 知 川〃		534	615	708	735	808	901	1001	2014		2221	
37.8	140	高　宮〃		548	629	723	751	823	906	1005	1752 八日市発米原	2028	…	…	2234	…
41.9	150	彦　根国〃	524	556	636	732	800	832	925	1023	行 1224.1425.1505	2037	…	…	2242	…
47.7	170	米　原国着	534	606	647	742	810	842	935	1035	1601	2047		2252	

キロ程	円	駅名						830	1053	1248	1632	1703	1857	…	2212
		米　原国発	…	…	…	…		830	1053	1248	1632	1703	1857	…	2212
25.3	90	八 日 市〃		522	559	628	654	728	808	850	924	1142	1336	1722	1750	1952	2027	2047	2129	2212
26.6	100	太 郎 坊〃			532	614	659	733	812	854	928	1147	1340	1726	1755	1957	2032	2052	2135	2217
34.6	130	近江八幡国着		543	621	650	717	750	830	911	946	1204	1358	1744	1813	2014	2049	2111	2152	2234

上表の他　八日市発近江八幡行 952.1024.1059.1231.1302.1415.1518.1558.1652.1818.1845.1932

キロ程	円	駅名		602	630	658	731	811	850	925	956	1029	1101	1655	1820	1856	2030	2113	2215	2240
		近江八幡国発		602	630	658	731	811	850	925	956	1029	1101	1655	1820	1856	2030	2113	2215	2240
8.0	30	太 郎 坊〃		620	648	715	749	829	911	944	1014	1047	1119	1713	1846	1914	2048	2130	2234	2257
9.3	40	八 日 市〃		624	652	720	754	833	915	948	1018	1051	1125	1718	1851	1918	2054	2134	2238	2301
34.6	130	米　原国着										1208	1806	1934	2005	2136		

上表の他　近江八幡発八日市行1145.1215.1310.1338.1418.1520.1600.1732.1753.1915.2003.2053

545	…	…	この間 多賀行	…	…	キロ程	円	発米　原着	620			910	この間 多賀発		1934	2108
600	703	800	米原発911.951	1938	2118	5.8	20	〃彦　根発	608	700	749	900	米原行	926	1934	2108
609	710	807	彦根発1218	1945	2126	9.9	40	〃高　宮〃	601	654	741	852	1208	彦根行	1927	2101
613	714	811	1100.1507	1949	2130	12.3	50	着多　賀国発	556	649	737	847	1047.1439	1923	2056

上表の他　高宮—多賀　高宮発531—2248　多賀発526—2232　20—30分毎　本線各列車に接続運転

米原～八日市～貴生川間の近江本線、八日市～近江八幡間の八日市線、高宮～多賀間の多賀支線があり全線電化されている。東海道線の米原、彦根、近江八幡と八日市など近江平野各地を結んでいる。多賀線は多賀大社への参拝客輸送が目的である。

膳　所—浜大津—近江今津 連 （江若鉄道）膳所国—浜大津 所要10分 10円

36.9.1現在

600	625	この間		2100	2145	キロ程	円	発浜 大 津国着	640	703	この間		2116	2200
602	627	近江今津行	膳	2103	2147	0.6	10	〃三井寺下 発	638	701	近江今津発		2114	2158
614	640	膳所発1405浜大	所	2116	2200	7.6	30	〃日　吉〃	623	649	浜大津行		2101	2145
620	645	津発　723.820	国	2120	2205	10.3	40	〃雄琴温泉〃	619	644	633.728.827.930		2056	2141
626	651	920.1040.1150	発	2126	2210	13.7	60	〃堅　田〃	612	637	1033.1300.1412.1524		2050	2133
638	700	1302.1415.1530		2136	2219	18.9	80	〃和　邇〃	603	627	1637.1743		2042	2126
651	715	1642.1748.1852		2150		26.5	110	〃比　良〃	…	614			…	2112
656	720	2005		2154		28.8	120	〃近江舞子〃	…	609	膳所行国1147.1848		…	2108
…	730	浜大津発和邇行		2204		35.4	140	〃白　鬚〃	…	559			…	2058
…	734	848.1010.1605		2209		38.3	160	〃高 島 町〃	…	555	和邇発浜大津行		…	2053
…	744	1712.1825.1930		2217		42.6	170	〃安 曇 川〃	…	547	702.947.1102.1700		…	2046
…	759			2232		51.0	200	着近江今津 発	…	532	1804.1910		…	2030

琵琶湖西岸の浜大津～近江今津間を結ぶ非電化路線。時刻表を仔細に見ると浜大津～膳所（東海道線）間にも2往復運転されている。この区間は貨物線で京阪石山線の下り線を3線区間（1067ミリと1435ミリ）としていた。沿線の比良、近江舞子付近は海水浴ならぬ湖水浴場があり、夏は乗客が集中し、ディーゼル機関車牽引の客車列車が運転された。

2章
準大手私鉄と地下鉄

山陽電気鉄道の神戸方ターミナル、電鉄兵庫駅。国鉄兵庫駅北側にあった。ホームは頭端式で4本あるが、駅舎もホームも木造だった。右から3000系アルミ車の特急、270形、700形が並ぶ。700形は敗戦直後の1947（昭和22）年に入線した国鉄モハ63形で20メートル、車体幅2.8メートルの大型車。1968（昭和43）年4月の神戸高速鉄道開通に伴い、路面上を走っていた電鉄兵庫〜西代間が廃止された。
◎1965（昭和40）年3月3日　撮影：荻原二郎

山陽電気鉄道

820系による電鉄兵庫行きの特急。820系は戦後の混乱が続いていた1949（昭和24）年に登場した17メートル、2ドア車で私鉄では戦後初の転換式クロスシート車。兵庫〜姫路間の特急として運行されたが、この時代に「特急」を運転したことは同社の意気込みを感じさせる。1960（昭和35）年に前面が貫通化、ロングシート化された。1983（昭和58）年までに廃車。
◎電鉄須磨　1955（昭和30）年12月

登場後間もない2000系電鉄兵庫行き特急。登場時は2両固定で、のちに付随車2500形をはさんで3両になった。この編成は
2000（先頭）-2001の2両。2000系の最初の編成で正面非貫通、2ドアながらロングシートである。後に3ドア化された。
◎須磨浦公園　1957（昭和32）年6月

山陽電気鉄道820形2両編成の特急電鉄姫路行き（先頭は853）。17メートル車だがドア間8列分が転換式クロスシート。車体幅は1947（昭和22）年に運輸省から割当を受けて入線した800形（国鉄モハ63形）と同じ2.8メートルとした。右側は山陽本線、当時の電化は西明石までのため、姫路へは「汽車」を敬遠し山陽電鉄利用が多かった。現在ではこの付近で明石海峡大橋と交差する。
◎垂水　1955（昭和30）年5月4日　撮影:荻原二郎

山陽電鉄270系。小型車の台車、機器を利用し、1959（昭和34）年登場した17メートル車。正面窓をHゴムで固定した独特の山陽スタイルである。3両編成で主として各停に使用された。写真左側に山陽新幹線の高架線が見える。◎尾上の松〜電鉄高砂
1982（昭和57）年2月

電鉄須磨に到着するステンレス車体の2000系による電鉄姫路発電鉄兵庫行き特急。2011（先頭）-2500-2010の3両で、2ドア転換式クロスシート。当時は神戸高速鉄道開通前で始終点の電鉄兵庫で国鉄兵庫駅に連絡した。当時の特急は30分間隔で、電鉄兵庫～電鉄姫路間が約65分だった。写真左は鉢伏山でロープウエイがある。◎1961（昭和36）年2月

電鉄須磨ですれちがう山陽2000系の特急。右が普通鋼車体（先頭は2009）、左がステンレス車体（先頭が2011）。◎1961（昭和36）年2月

加古川鉄橋を渡る2000系の普通新開地行き。2000系は1956（昭和31）年に登場した山陽電鉄初の高性能車。2ドア、3ドア、普通鋼（黄色と紺の塗分け）、ステンレス車体といくつもの種類がある。写真の2011の編成は1960（昭和35）年に登場し、2ドア転換式クロスシートであるが、1969（昭和44）年に2ドアのままロングシートとなった。◎尾上の松〜電鉄高砂　1984（昭和59）年2月

加古川鉄橋を渡る3000系アルミカーの電鉄姫路行
き特急。なお山陽電鉄の須磨、塩屋、垂水、明石、魚
住、曽根、姫路など国鉄と同名駅は区別のため「電
鉄」を冠していたが、1991（平成3）年4月から「山
陽」を冠するようになった。（例、電鉄姫路→山陽姫
路）写真左奥に山陽新幹線の高架線が見える。
◎尾上の松〜電鉄高砂　1984（昭和59）年3月

尾上の松〜高砂間を行く3000系ア
ルミカーの特急阪神大石行き。写真
左に電鉄高砂駅（当時）が見える。山陽
電鉄3000系は神戸高速鉄道乗り入
れ用として1964年（昭和39）年に登場
した。同社初の両開きドアとなり、前
面は国鉄急行形電車などと同様の高
運転台になった。1968（昭和43）年か
ら神戸高速鉄道に乗り入れた。
◎尾上の松〜電鉄高砂　1984（昭和
59）年3月

加古川鉄橋を渡る3000系特急阪急六甲行き。3000系は最初の2編成がアルミカーだったが、その後は普通鋼で登場し、黄色と紺の塗り分けだった。手前の鉄橋は国鉄高砂線で、加古川〜高砂港間を結び（高砂〜高砂港間は貨物線）、山陽電鉄とは尾上の松付近から電鉄高砂の手前まで平行していた。1984（昭和59）年1月末に高砂〜高砂港間が、同年12月に加古川〜高砂間6.3kmが廃止された。
◎尾上の松〜電鉄高砂　1984（昭和59）年3月

泉北高速鉄道

泉北高速鉄道のステンレスカー 3000系。泉北高速鉄道は1971(昭和46)年4月に第一期として中百舌鳥〜泉ヶ丘間が開業、南海高野線に乗入れて難波まで直通運転された。1973年12月に栂・美木多、1977年8月に光明池まで延長され1995(平成7)年4月に和泉中央まで全線開通した。3000系は1975(昭和50)年に登場し、同時期の南海6200系と共通点が多い。◎新今宮

神戸電鉄

粟生(あお)駅に停車中のデ300形312。300形は初期の車両(301〜)は前面非貫通2ドア固定クロスだったが、1962(昭和37)年から登場の311号以降では前面に貫通ドアが付いて2ドアロングシートになった。後に3ドア化された。現在、神戸電鉄粟生線の志染(しじみ)〜粟生間はデイタイム1時間間隔である。終点粟生で加古川線、北条線(現・北条鉄道)に連絡。◎1963(昭和38)年3月10日 撮影:荻原二郎

神戸電鉄300形(302)。1960(昭和35)年に登場した神戸電鉄初の高性能電車で前面2枚窓の湘南スタイルで2ドア固定クロスシート、MM方式の2両固定編成で同時期に登場した京浜急行700形(後の600形)とよく似ている。後に3ドア化、ロングシート化され、さらにT車をはさんで4両編成化された。◎丸山 1961(昭和36)年3月

神戸電鉄は最大50‰の急勾配のある山岳鉄道。1928 (昭和3) 年の神戸有馬電気鉄道として湊川〜有馬温泉間および有馬口〜二田間が開通した。写真左は神戸電鉄開業時に投入されたデ1形9、右は同じく5号で15メートルの2ドア車である。中央は前面が流線形のクハ151、1943年に神中鉄道 (現・相模鉄道) から転入した。◎鈴蘭台　1961 (昭和36) 年3月

大阪市交通局

大阪市営地下鉄1200形1217(後の200形217)。1200形は1958(昭和33)年に登場。前年の1957年に登場した1100形(後の100形)とともに大阪地下鉄初の高性能車であるが、1200形は両開きドアになった。写真右側は1949年登場の500形で青とクリームの旧塗装である。◎長居検車区　1958(昭和33)年5月

大阪市営地下鉄50系5500形(手前は5501)。50系は1960(昭和35)年に登場し、5000形(制御装置、集電靴を装備)と5500形(電動発電機、蓄電池を装備)のMMユニット2両固定である。乗客が増える一方だった御堂筋線で運行されたが、1968(昭和43)年からの30系の投入で谷町線・中央線・千日前線に転用された。◎長居検車区　1960(昭和35)年9月

大阪市営地下鉄50系5000形（手前は5001）。50系は1960（昭和35）年に登場し、5000形（制御装置、集電靴を装備）と5500形（電動発電機、蓄電池を装備）のMMユニット2両固定である。両開きドアで30系が登場するまで大阪地下鉄の標準型だった。◎長居検車区　1960（昭和35）年9月

大阪市営地下鉄中央線の6000形6001。中央線は1961（昭和36）年12月に弁天町〜大阪港間が開通したが、この区間は高架だった。3年後の1964（昭和39）年10月に弁天町〜本町間が開通するまで他線との連絡はなく、陸の孤島のような存在だった。開通当初は6000系が1両（単行）で運転された。◎弁天町　1961（昭和36）年12月

大阪市営地下鉄6000形6004（後に800形804）。6000形は1961（昭和36）年12月、中央線弁天町～大阪港間開通時に登場したが、輸送量が少なく単行（1両）運転のため両運転台である。この6000系から18メートルになり大阪市営地下鉄の標準長になった。写真右に大阪環状線の弁天町駅が見える。◎弁天町　1961（昭和36）年12月

大阪市営地下鉄30系アルミ車（先頭は3527）。地下鉄御堂筋線は中津の北側から地上線となり淀川を渡り新御堂筋（国道423号）の間を北上。江坂から北大阪急行電鉄線に乗り入れ千里ニュータウンに至るが、桃山台～千里中央間で地下に入る。◎桃山台　1972（昭和47）年2月

大阪市営地下鉄御堂筋線を走る千里中央行き30系（最後部は3513）。この車体はアルミ車体である。地下鉄御堂筋線は1964（昭和39）年9月、梅田〜新大阪間が延長され、大阪中心部と東海道新幹線を直結した。写真の両側は大阪中心部から北へ延びる新御堂筋で、右奥が新大阪駅である。◎西中島南方　1976（昭和51）年11月

北大阪急行万博中央口駅の引き上げ線で待機する大阪市営地下鉄3000系ステンレス車8両編成（最後部3002）。背後に会場を一周していたモノレールの橋脚と会場内パビリオン（展示館）が見える。写真左側に大阪万博（EXPO'70）のシンボルマークのステッカーが貼ってある。
◎1970（昭和45）年8月

北大阪急行電鉄

千里ニュータウンを走る北大阪急行2000系。2000系は阪急が主要株主の北大阪急行電鉄の車両で1970（1970）年に登場した。大阪市営地下鉄（現・大阪メトロ）御堂筋線と直通運転を行っていた。大阪市30系と性能的は同じだがステンレス車体で、内装や座席は阪急と同じである。両側は中心部から延びる新御堂筋。◎桃山台〜千里中央　1975（昭和50）年10月

千里中央からの地下線から新御堂筋に姿を現した北大阪急行電鉄8000系。ポールスターの愛称があり、2000形の置き換えのため1986（昭和61）年に登場した。北大阪急行電鉄は阪急電鉄が主要株主で1970年開催の日本万国博覧会（大阪万博）への観客輸送のために建設。写真後方が千里中央で中国高速道と大阪高速鉄道（大阪モノレール）が通っている。現在、9000系への置き換えが進んでいる。◎桃山台～千里中央　1993（平成5）年

江坂〜千里中央間は北大阪急行電鉄線だが、全列車が大阪市営地下鉄御堂筋線と相互乗り入れを行い、江坂〜あびこ（現在はなかもず）間を直通運転する。写真の3023の編成はアルミ車体である。◎桃山台〜千里中央　1975（昭和50）年10月

1970（昭和45）年の大阪万博期間中は観客輸送のため、万博中央口駅への路線が中国自動車道（当時建設中）の上り線部分に仮設された。万国中央口駅へ向かう北大阪急行の7000系ステンレス車8両編成（先頭は7002）。この7000系は万博終了後に大阪市営地下鉄（現・大阪メトロ）30系になった。電車の後方に千里中央仮駅が見える。◎千里中央（仮）～万博中央口　1970（昭和45）年

神戸市交通局

1977（昭和52）年3月、神戸市営地下鉄の新長田〜名谷間が開通し、1000系による開通記念電車が運転された。1000系は1977年登場でアルミ合金製の車体で、塗色はグリーンの濃淡ぼかしの神戸市電のイメージを残している。側面は同時期登場の神戸電鉄3000系とほぼ同じである。2018（平成30）年から6000系への置き換えが始まっている。◎名谷　1977（昭和52）年3月13日

神戸市営地下鉄の新長田〜名谷間開通日に記念電車が並ぶ。◎名谷　1977（昭和52）年3月13日

和歌山電気軌道、水間鉄道、大和鉄道、野上電鉄、有田鉄道、御坊臨海鉄道、三重交通の時刻表

36.7.1 現在　東和歌山──貴志　電連　(和歌山電気軌道)

		この間				キロ程	円	発		着			この間		
555	625	この間	2205	2235			25	東和歌山国 着	551	621			貴志発 615.645	2141	2251
608	638	東和歌山発 655	2218	2248		3.7	25	〃 岡崎前 発	538	608			720.755.850	2128	2218
615	645	735.807 及び	2225	2254		8.0	55	〃 伊太祁曽 〃	532	602			及び毎時05分.	2122	2212
624	654	毎時45分.15分	2234			11.3	55	〃 大池遊園 〃		554			35分運転	2114	2204
632	702	運転	2242			14.3	65	着 貴 志 発		545				2105	2155

13.4キロ	市　　駅── 海南駅前国	45円	430 ─ 2305	20分毎	所要 30分
7.1キロ	市── 新和歌浦国	25円	701 ─ 2330	10分毎	所要 50分
13.4キロ	東和歌山── 海南駅前国	45円	525 ─ 2045	10分毎	所要 30分
7.1キロ	東和歌山── 新和歌浦国	25円	510 ─ 2300	10分毎	所要 20分

36.6.1 現在　貝塚──水間　電連　(水間鉄道)

	この間							キロ程	円	発貝 塚着		この間			
558	この間	2038	2108	2138	2208	2238	2308		30	塚着	554	この間	2124	2154	2224	2254
613	20分毎	2053	2123	2153	2223	2253	2323	5.5	30	着水 間発	539	20分毎	2109	2139	2209	2239

36.8.1 現在　新王寺──田原本　電連　(大和鉄道)

		この間				キロ程	円	発新 王 寺着			この間			
554	625	この間	2114	2158	2253		30	発新 王 寺着	545	615	この間	2156	2249	…
610	636	25─40分毎	2125	2209	2304	5.1	30	〃 箸 尾 発	533	603	25─40分毎	2144	2238	…
618	644		2133	2217	2312	10.1	60	着田 原 本発	525	555		2136	2230	…

35.8.1 現在　海南──登山口　電連　(野上電鉄)

		この間			キロ程	円	発 海 南国着			この間		
550	620	この間 30分毎	2150	2220		25	発 海 南国着	608	658	この間 30分毎	2208	2238
602	622		2202	2222	5.0	25	〃 紀伊阪井 発	555	625		2155	2224
615	635		2215	2235	8.8	45	〃 紀伊野上 〃	544	614		2144	2214
622	642		2222	2242	11.4	60	着 登山口 発	537	607		2137	2207

36.8.1 現在　湯浅──金屋口　連　(有田鉄道) 同区間バス運転あり

610	818	1110	…	…	…	…		キロ程	円	発紀伊湯浅国着	547	752	1109	…	…	…	…	…
620	845	1116	1548	1618	1848	1940	1940	2045	2155	3.4 10	〃 藤 並 〃	530	737	1055	1535	1625	1825	1935	2035	2140
635	858	1131	1603	1653	1903	2000	2058	2210	9.2	40	着金 屋 口発	515	725	1040	1520	1610	1810	1920	2020	2125

上表の他　藤並発金屋口行 703.748.953.1238.1340.1728　金屋口発藤並行 637.810.915.1210.1315.1700

36.5.1 現在　御坊──日高川　気連　(御坊臨港鉄道)

キロ程	御　坊国発	504	620	655	708	809	903	この間1001.1021.1056.1152.1248	1840	1923	2017	2117	2233
3.4	日 高 川 着	515	631	706	719	820	914	1322.1422.1522.1627.1739.1811	1851	1934	2028	2128	2244
円	日 高 川国発	447	605	639	751	843	944	この間1011.1039.1134.1230.1301	1824	1903	2002	2100	2203
25	御　坊　着	458	616	650	802	854	955	1406.1524.1611.1720.1754	1835	1914	2013	2111	2219

36.9.1 現在　鳥羽──賢島　電連　(三重交通)

円	鳥　羽国発	…	619	650	722	752	857	938	959	この間	1638	1659	この間	2035	2140
50	志摩磯部 〃	629	659	730	800	831	934	1006	1054	普通・急行	1706	1734	1735.1801	2111	2212
75	鵜　方 〃	645	715	746	816	847	953	1020	1053	とも	1720	1751	1832.1902	2126	2227
85	賢　島　着	653	723	754	824	855	1001	1026	1101	1時間毎	1726	1759	1933.2003	2134	2235

キロ程	賢　島　発	536	605	636	706	737	807	838	908	945	1011	この間	1645	この間	2017	2047
3.4	鵜　方 〃	544	614	644	715	745	816	846	919	953	1019	普通・急行	1653	1711.1743	2026	2056
10.3	志摩磯部 〃	559	630	700	730	801	831	904	937	1006	1037	とも	1706	1815.1846	2042	2111
25.1	鳥　羽国着	634	705	737	807	838	910	932	1013	1033	1113	1時間毎	1733	1916.1947	2116	

35.6.1 現在　西桑名─阿下喜・四日市─伊勢八王子・内部　電連　(三重交通)

			この間			キロ程	円	発西 桑 名国着				この間		
551	622	654	この間 約30分毎	2130	2216		15	発西 桑 名国着	615	646	719	751	この間 約30分毎	2153	2223
603	634	705		2141	2227	4.1	15	〃 在 良 発	603	634	706	738		2141	2211
624	655	726		2201	2247	12.1	45	〃 大泉東 〃	544	614	645	716		2114	2144
646	717	750		2223	2309	20.5	70	着阿 下 喜 発	525	553	624	655		2100	2130

604	624	644	この間 20分毎	2204	2224	2244	キロ程	円	発近畿日本四日市着	618	638	658	この間 20分毎	2218	2238	2258
620	640	700		2220	2240	2300	4.9	15	着伊 勢 八 王 子発	602	622	642		2202	2222	2242

601	621	641	この間 20分毎	2221	2241	2302	キロ程	円	発近畿日本四日市着	601	621	641	この間 20分毎	2221	2241	2301
617	637	657		2237	2257	2317	5.8	20	着内　　　　部発	544	604	624		2204	2224	2244

いずれも短区間で国鉄駅と市街地、観光地などとの連絡または農産物の輸送が主目的である。和歌山電気軌道は和歌山の路面電車だが和歌の浦、紀三井寺を結んでいた。有田鉄道は紀勢本線湯浅まで乗入れていた。三重交通志摩線は当時狭軌（1067ミリ）で急行が運転されている。三重交通阿下喜、内部、八王子線は軽便鉄道（762ミリ軌間）である。

3章
路面電車

駅前で待機するN電（Nは狭軌を意味するナローに由来する）10系統北野行きで堀川沿いに走ることから堀川線とも呼ばれた。この9号は現在鹿児島県奄美大島の奄美アイランド郷土資料館に保存されている。右側に標準軌間の京都市電が見える。写真右奥に1952（昭和27）年建築の三代目京都駅の塔屋部分が見える。◎1961（昭和36）年7月8日　撮影：荻原二郎

京都市交通局

京都市電北野線（正式名称は堀川線）のN電5号。北野線は京都駅前から二条城前を通り北野を結んでいた。狭軌（1067ミリ）のためナローの頭文字からN電といわれた。1961（昭和36）年7月に廃止。バックの松本旅館は現在では鉄筋のビルになっている。後方の丸物デパートは後に京都近鉄百貨店になり、現在はヨドバシカメラが建っている。
◎京都駅前　1955（昭和30）年11月26日

祇園（八坂神社前）を曲がる京都市電500形。500形は1924（大正13）年に登場した、京都市電初の大型車で3ドア、低床車だった。
電停名は祇園だが実際は八坂神社西門前で、西門をバックに曲がる市電は絶好の被写体だった。◎祇園　1958（昭和33）年3月

四条烏丸（大丸前）を行く200形261号。200形は1927（昭和2）年から93両製造された4輪単車。1系統百万遍行き。背後は市民から「大丸さん」と呼ばれている大丸百貨店京都店。この四条通り地下に1963（昭和38）年6月、阪急京都線河原町延長時に烏丸駅が開業し、1981（昭和56）年5月には交差する烏丸通り地下に地下鉄四条駅が開業した。◎四条烏丸　1955（昭和30）年5月4日　撮影:荻原二郎

新鋭の700形（706号）。700形は1958（昭和33）年登場で、近代的デザインでドアも斬新な4枚折戸であるが、この706号は直接制御車で旧車の部品も一部流用している。背後は東寺の五重の塔。現在でも新幹線から見ることができ、京都へ来たことを感じさせるランドマークである。◎東寺前　1958（昭和33）年3月

東本願寺前の烏丸通りを行く700形（734号）、この734号は間接制御自動進段の当時の最新型である。この場所は市電開通時に東本願寺から寺の正門すぐ前の通過に難色を示され、線路は道路上を大きく迂回することになった。市電廃止後の現在でも正門前は広々としている。前面の急マークは平日朝ラッシュ時に乗降の少ない停留所を通過する急行運転の表示である。
◎東本願寺前　1964（昭和39）年8月

京都駅前の京都市電1800形ワンマンカー。1800形は1950（昭和25）年に登場した800形をワンマン対応のため後部ドアを中央部に移設した車両。ワンマンを示す赤帯が窓下に入っている。左に見える京都タワービルは1964（昭和39）年の完成だが、古都にタワーはふさわしくないと景観論争になった。◎京都駅前

東山七条を曲がる京都市電1800形1835号、ワンマンカーを示す赤線が窓下に入る。画面右側は京都国立博物館。1800形は1950（昭和25）年登場の800形を改造（後部ドアを中央部に移設）してワンマン化した車両。◎1974（昭和49）年4月

東山七条〜博物館三十三間堂前間を行く6系統（京都駅前〜東山七条〜百万遍〜烏丸車庫前〜（烏丸通）〜京都駅前）この電車は百万遍行き、1964（昭和39）年登場の2000形2003号。現在は伊予鉄道松山市内線で活躍している。◎1974（昭和49）年4月

東山七条電停ですれちがう2000形2003号（左）と1800形（右）。背後は智積院。◎1974（昭和49）年4月

東山七条で東大路通りから七条通りに入る京都市電2000形2006号。6系統京都駅前行き。左側は三十三間堂の塀。東山七条から七条大橋まで下り坂で見通しがよい。◎1974（昭和49）年4月

大阪市交通局

御堂筋を行く大阪市電1500形1516号。1500形は1925（大正14）年登場の木造の大型車。大型車が多いのが大阪市電の特徴だった。背後は大阪市役所、1921（大正10）年の名建築だったが1986（昭和61）年に建て替えられた。写真右のドームのある建物は大阪府立中之島図書館で現在でも使用されている。◎淀屋橋　1959（昭和34）年3月

大阪市電11形30号車。この車両は1912（明治45）年に登場し、1936（昭和11）年に廃車になったが、その後も鶴町車庫で保管されていたものを復元した。現在は市電保存館で保存されている。大阪市電は1903（明治36）年に花園橋～大阪港間が最初に開通し、わが国初の公営（市営）路面電車だったが、1969（昭和44）年3月に全線廃止された。◎天王寺車庫　1950（昭和33）年8月

復元された大阪市電11形30号車の車内。この車両は1912（明治45）年に登場し、1936（昭和11）年に廃車になったが、その後も鶴町車庫で保管されていたものを復元した。この車両も市電保存館で保存されている。◎天王寺車庫　1957（昭和32）年8月

大阪市電創業時に運行された2階電車（5号）、1953（昭和28）年に単車の部品を利用して復元されたが、創業時の車両ではない。写真は1958（昭和33）年10月の大阪祭での花電車の装飾。この車両は現在、市電保存館で保存されている。◎天王寺車庫
1958（昭和33）年10月

梅田の阪急百貨店前を行く大阪市営トロリーバス100形。画面左側に国鉄の高架線、地下鉄の入口が見える。大阪のトロリーバスは1953（昭和28）年に大阪駅前から神崎橋まで5.7キロが開通した。後に大阪市東部の守口、深江などに延長され、最盛期は延長37.9キロだったが、1970（昭和45）年6月に廃止された。◎1955（昭和30）年12月

大阪市電の大型車1000形1095。1000形は1922（大正11）年登場の大型木造ボギー車。後に側面が鋼鈑で補強された。上本町六丁目行きだが、大阪市電は京都市電、神戸市電と異なり前面に系統表示板がなく、わかりにくいとの声もあった。◎1955（昭和30）年2月

大阪駅前の大阪市電2000形2016（右）と1600形1643（右）。右の1600形は1928（昭和3）年登場の大型車。左の2000形は1951（昭和26）年登場の中型車。背後の国鉄大阪駅は1940（昭和15）年開業の3代目。1981年開業の4代目大阪駅「アクティ大阪」を経て、2011年5月に現在の5代目大阪駅「大阪ステーションシティ」が開業した。◎1964（昭和39）年4月

大阪駅前を行く大阪市電900形927。1935（昭和10）年、当時は流線形が流行しその時流に乗って登場した。側面も「く」の字形に曲がっている。背後に大阪中央郵便局が見える。当時、郵便は鉄道輸送が中心で主要駅前には中央郵便局があった。大阪駅は写真の右側にある。◎1963（昭和38）年4月

大阪駅前の大阪市電1711形1738。戦災で多くの車両を失ったことよる戦後の輸送難を打開するため1947（昭和22）年に登場。当時の運輸省規格型で同形車は他の都市にも見られる。この電車は10系統（肥後橋〜守口）画面右に最新型3000形が見える。背後は阪急百貨店で「21世紀フェア」の垂れ幕も。21世紀ははるか彼方の「夢の世界」だった。◎大阪駅前　1963（昭和38）年4月

174

大阪市電廃止を記念し保存電車によるお別れ運転も行われた。大阪市電開通時の2階電車を復元した5号のお別れ運転。見送りの人々の服装は今から振り返ると地味である。背後の東宝梅田会館には映画「風林火山」の大看板がかかっている。
◎梅田（阪急東口）　1969（昭和44）年3月24日

1969（昭和44）年3月末日に大阪市電が廃止。お別れ装飾を施された花電車が運転された。多くの人々に見送られる2601形2680号の守口行き。最後に残った系統は阪急東口〜守口、玉船橋〜今里車庫前間だった。写真左が東宝梅田会館（梅田地下劇場）、右がOS劇場。◎梅田（阪急東口）　1969（昭和44）年3月24日

神戸市交通局

市民から楠公さんと親しまれている湊川神社前を行く900形931号。1947（昭和22）年に登場した11メートル大型車。当初は3ドアで、中央扉が開口部の広い4枚折戸が特徴だったが、昭和30年代に2ドアに改造された。電車は脇浜町と平野を結ぶ10系統。
◎湊川神社前　1968（昭和43）年4月6日
撮影:荻原二郎

神戸市電の西の終点、須磨駅前の神戸市電900形920号。背後の駅は山陽電鉄須磨駅。海側の国鉄須磨駅との間にあった。900形は戦災被害による車両不足、および敗戦直後の利用者急増に対処するため1947（昭和22）年に登場。市電須磨線は1927（昭和2）年に須磨まで開通、1968（昭和43）年4月に廃止された。
◎電鉄須磨駅前　1959（昭和34）年4月

神戸市電1100形1154号。神戸市電は緑の濃淡（オリエンタルグリーンとライトグリーン）の上品な塗分けで窓が大さく先進的な
デザインで東洋一の路面電車といわれ市民の誇りでもあった。1100形は1955（昭和30）年に登場した高性能車で、神戸市電最後
の新車だった。神戸市電は1971（昭和46）年3月に全線廃止された。◎1955（昭和30）年12月

阪堺電気軌道

阪堺電気軌道200形228号。昭和戦前から戦中にかけて木造車の台車、電動機を再利用して製造された小型車。現在ではすべて廃車された。恵美須町〜あびこ道の行先札を付けている。我孫子道には車庫がある。◎1976（昭和51）1月4日

住吉停留場から住吉公園停留場へ向かう阪堺電気軌道160形。写真後方の高架線の左方に南海線住吉公園駅がある。阪堺電気軌道上町線は天王寺〜住吉公園間で、住吉で阪堺線と交差した。住吉公園〜住吉間0.2キロメートルは2016（平成28）年1月末限りで廃止された。最後は朝ラッシュ時だけの運行であり、住吉公園停留場は日本一終電の早い駅だった。◎住吉

三重交通

国鉄伊勢市駅～外宮前～近鉄宇治山田駅～内宮前および二見を結んでいた三重交通神都線。国鉄、近鉄と伊勢神宮（外宮、内宮）を結び、路面電車で伊勢参りができたが1961（昭和36）年1月に廃止。画面左に「内宮、二見ゆき電車乗り場」の看板がある。電車は580形586号。貸切バスがなかった時代は修学旅行生も利用した。
◎外宮前　1958（昭和33）年8月

京福電鉄、神戸電鉄、山陽電鉄の時刻表

出町柳——八瀬・鞍馬 電 （京福電鉄） 36.9.1訂補

初	電		終	電	キロ程	賃	駅 名	初	電		終	電	運転間隔
…	5 55	7 02	22 02	22 32	23 30	0.0	円	発出町柳着	6 05	6 42	7 12		23 48	30分
5 42	6 05	7 12	22 12	22 42	23 40	3.8	25	〃宝ケ池発	5 56	6 33	7 03	23 03	23 33	23 39	
6 05	‖	7 37	22 37	23 07	‖	12.6	55	着鞍馬〃	‖	6 11	6 41	22 41	23 11	‖	
…	6 09			23 44	5.6	30	着八瀬発	5 52				23 35	10—15分	

叡山ケーブル	区　間	キロ程	所要	料金	運転時間	毎時発
	西塔橋（八瀬）—四明ヶ岳	1.3	9分	60円	800—1900	15—20分毎

| 叡山ロープウェイ | 四　明—比叡山頂 | 0.5 | 3分 | 50円 | 816—1850 | 15—20分毎 |

坂本ケーブル 連 （比叡山鉄道） 36.3.1改正

区　間	キロ程	運　賃	所要時間	運転時間	間隔
坂本——叡山中堂	2.025	片道80円　往復160円	11分	800——1800	30分毎

京都——比叡山頂（京都バス・京阪バス・京都市営）				大津——比叡山頂（京阪バス）			
925	約	1400 1500	円 発京都着 1145 1245	約	1655	910 1030 1405	円 発大津着 1141 1301 1631
955	60分	1415 レ	〃京阪三条発 1220	60分	1640	915 1035 1410	125 〃浜大津発 1136 1256 1626
1105	毎	1525 1625	150 着比叡山頂発 1020 1110		1530	1005 1131 1506	135 着比叡山頂発 1040 1200 1530

四条大宮——嵐山・帷子ノ辻——北野白梅町 （京福電鉄）

5 30	5 46	6 00	23 05	23 17	23 30	0.0	円	発四条大宮着	5 53	6 08	6 23	23 23	23 38	23 53	5—15分
5 47	6 03	6 17	23 22	23 34	23 47	5.2	15	〃帷子ノ辻発	5 36	5 51	6 06	23 06	23 21	23 56	
5 53	6 09	6 23	23 28	23 40	23 53	7.2	30	着嵐山発	5 30	5 45	6 00	23 00	23 15	23 30	
5 25	5 39	5 55	22 25	22 51	23 07	0.0	円	発帷子ノ辻着	5 52	6 09	6 24	23 30	23 36	23 42	8—16分
5 38	5 52	6 08	22 38	23 04	23 20	3.8	15	着北野白梅町発	5 40	5 57	6 12	23 18	24 23	23 30	

京福電鉄は八瀬線、鞍馬線と嵐山線、北野線に分かれている。八瀬線、鞍馬線の起点出町柳は市電、バスが中心部への連絡手段だった。八瀬からケーブルカー、ロープウエイで比叡山頂へ行くことができた。嵐山線は四条大宮で阪急京都線に接続。北野線の北野白梅町は市電に連絡していた。

湊川——有馬温泉——三田——粟生 連 （神戸電鉄） 36.8.1現在

…	535	この間	2241	2256	キロ程	円	発湊川国着	632	658	この間	2246	2339
539	552	湊川発有馬・三田行	2257	2312	7.5	40	〃鈴蘭台発	616	642	有馬・三田発湊川行	2231	2323
604	618	28分毎	2324	2337	20.0	80	〃有馬口〃	553	619	28分毎	2207	2259
630	643	三田行急行	2348	‖	32.0	105	着三田発	528	553	三田発急行	2140	2233
611	625	1348.1719.1759	2331	2343	22.5	90	着有馬温泉発	547	612	653. 721.1200	2202	2254
…	535	この間	2143	2243	0.0	円	発湊川国着	622	651	この間	2342	…
	554	湊川発粟生行30分毎	2200	2300	7.5	40	〃鈴蘭台発	607	637	粟生発湊川行30分毎	2327	
531	643	粟生行急行	2255	2335	26.9	100	〃電鉄三木〃	531	601	粟生発急行	2231	2312
551	654	1649.1749	2255		36.7	115	着粟生国発	…	539	631. 733	2231	2312

起点の湊川は国鉄神戸駅まで1キロ以上離れ、中心部への連絡手段は市電、バスだけだったが、1968（昭和43）年4月、神戸高速鉄道湊川〜新開地間0.4キロが開通し、神戸電鉄の全電車が新開地まで運行され、阪急、阪神への乗換えが便利になった。

電鉄兵庫——電鉄姫路——電鉄網干 電 連 （山陽電鉄） 36.9.1現在

特 急		普 通				キロ程	賃	駅 名	普 通				特 急	
初電	終電	初	電	終	電				初	電	終	電	初電	終電
6 30	21 00	…	…	4 52	22 25	23 45	0.0	円	発電鉄兵庫国着	447	537	6 35	0 02	7 15	21 52
レ	レ	…	…	4 59	22 32	23 52	2.4	15	〃西代発	440	530	6 28	23 55	レ	レ
6 41	21 11	…	…	5 08	22 41	0 01	9.5	15	〃電鉄須磨〃		521	6 19	23 46	7 04	21 41
レ	レ	…	…	5 19	22 52		11.7	30	〃電鉄垂水〃		510	6 08	23 35	レ	レ
6 54	21 24	…	4 50	5 30	23 03		17.9	40	〃電鉄明石国		459	5 54	23 24	6 51	21 28
7 05	21 35	…	5 09	5 49	23 22		29.5	70	〃東二見〃			5 35	23 05	6 40	21 17
7 15	21 45	…	5 24	6 04	23 37		39.4	90	〃電鉄高砂〃			5 20	22 50	6 20	21 07
レ	レ	…	5 34	6 17	23 47		45.0	110	〃大塩〃			5 07	22 37	レ	レ
7 30	22 00	4 38	5 47	6 30	24 00		53.1	120	〃電鉄飾磨〃	4 57	22 27	23 37		6 15	20 52
7 35	22 05	4 45	5 54	6 37	0 07		56.9	130	着電鉄姫路国発	4 50	22 20	23 30		6 10	20 47

初	電	終電	キロ程	賃	駅 名	初電	終	電	間隔		電鉄兵庫——姫路	
…	5 28	23 17	0.0	円	発電鉄姫路国着	5 21	23 12		14分	特急	20—30分毎	普通 15—30分毎
4 40	5 37	23 26	3.8	15	〃電鉄飾磨発	5 14	23 05	24 00		急行	30—60分毎	
4 48	5 46	23 36	8.5	20	〃広畑〃	5 05	22 55	23 52	20分		兵庫—姫路 所要時間	
4 55	5 53	23 43	12.4	30	着電鉄網干発	4 58	22 48	23 45	毎		特急65分 急行78分 普通102分	

須磨浦ロープウェイ	須磨浦公園—鉢伏山上 0.4446キロ	845—2045	10分毎	所要3分半	往復90円

起点の電鉄兵庫は国鉄兵庫駅と道路を挟んだ反対側にあったが、早くから廃止が検討されていたよって駅舎もホームも木造のままでほとんど手が加えられなかった。電鉄兵庫〜西代間は道路上を走り途中の長田付近で神戸市電との平面交差もあった。兵庫〜姫路間は特急65分でクロスシート車が多く国鉄より速くて便利だった。

4章
個性あふれる
ローカル私鉄

写真左は能勢電鉄の木造車30形33号でポール集電。中央が木造車を鋼体化したクリームと紺の50形。能勢電鉄は能勢妙見宮参詣者の便をはかるため1923（大正12）年に池田駅前（後の川西国鉄前）〜妙見（現・妙見口）間が開業。1970年代に入り沿線が宅地化し1978（昭和53）年12月に山下〜日生中央間（日生線）が開業。1981（昭和56）年12月に川西能勢口〜川西国鉄前間が廃止された。
◎能勢口（現・川西能勢口）　1957（昭和32）年4月

能勢電気鉄道

阪急宝塚線で運行されていた500形は1967（昭和42）年から能勢電鉄に転入した。番号はそのままで、1986（昭和61）年までに廃車となった。後方の車庫は平野車庫で青とクリームの塗分けの小型車50形が見える。50形は旧阪急の木造車を鋼体化した車両で川西能勢口〜川西国鉄前間で1981（昭和56）12月の廃止まで運行された。◎多田〜平野

猪名川鉄橋付近を走る元阪急の500形。この区間は複線化されているが、電車の左側のあたりから下り線、上り線は離れ、下り線はトンネルから出てくる。この付近の猪名川は渓谷が続き景勝の地でもある。◎鶯の森〜鼓滝

猪名川鉄橋を渡る50形。50形は阪急の木造車37形を1953〜54年に車体を新造してクリームと紺の塗色になった。最後は川西能勢口〜川西国鉄前間（1981年12月廃止）の折返し運転に使用された。◎鴬の森〜鼓滝　1965（昭和40）年5月16日　撮影：荻原二郎

阪急宝塚線と連絡する能勢口（川西能勢口）駅に停車する60形電車（右）と阪急から貸し出された10形電車（左）。60形は50形と同形だが新造車（木造車の台車、部品を再使用）である。10形は1925（大正14）年、新京阪鉄道（現・阪急京都線）が千里山線に投入した木造電車。この当時、4両が能勢電に貸し出されていた。◎川西　1965（昭和40）年5月16日　撮影：荻原二郎

京福電気鉄道 北野線

桜咲く春を行く京福電気鉄道北野線。北野白梅町行きのポール集電のモボ101形103。1929（昭和４）年に当時の嵐山電気鉄道によって投入され「嵐電（らんでん）」スタイルを確立した。1975（昭和50）年にモボ301形と同じ車体に更新された。京福北野線は北野白梅町と帷子ノ辻を結び、沿線には北野天満宮、龍安寺、仁和寺などがある。◎1972（昭和47）年４月

京福電気鉄道北野線を行くモボ100形（114号）。北野線と嵐山線は長年トロリーポール集電であったが、1975（昭和50）年からパンタグラフ（Zパンタ）集電となった。嵐山線四条大宮～嵐山間は嵐山電気軌道により1910（明治43）年3月に開業。北野線は京都電灯により北野白梅町～帷子ノ辻間が1926（大正15）年3月に開業した。◎1972（昭和47）年4月

モボ101形は1929（昭和4）年に登場した桜咲く京福電気鉄道北野線（嵐電）を行くモボ100形（106）、モボ100形は1929（昭和4）年に登場した嵐電を代表する車両だが、1975（昭和50）年にモボ300型と同様の車体に更新された。嵐山線、北野線は1942（昭和17）年に京都電灯の鉄道部門が京福電気鉄道（京都支社）となり現在でも京福電気鉄道により運営されている。
◎鳴滝～高雄口（現・宇多野）　1972（昭和47）年4月

京福電気鉄道 鞍馬線、

八瀬線

鞍馬線を行くポール集電のデナ121形。
◎貴船口　1959（昭和34）年6月

京福電気鉄道鞍馬線（現・叡山電鉄鞍馬線）を行くポール集電の
デナ121形単行運転。洛北のひなびた山里の風景が広がる。
◎市原橋梁　1959（昭和34）年6月

1959（昭和34）年に京福電気鉄道叡山線（叡電）に登場したデオ300形302号。空気バネ台車を装備した高性能車であるが、路線の状況からその性能を十分発揮できなかった。登場時はポール集電で1978（昭和53）年からパンタグラフ集電となった。写真の電車は出町柳〜八瀬（現・八瀬比叡山口）間を結ぶ列車である。◎1959（昭和34）年9月

京福電鉄鞍馬線を行くポール集電のデナ121形126号。この車両は1929（昭和4）年の鞍馬線開通時に当時の鞍馬電気鉄道によって投入され、50‰の急勾配が各所にあるため電気ブレーキが装備されている。窓の上部が曲線（R状）になっている優雅なデザインだった。◎貴船口　1973（昭和48）年2月

京福電鉄デオ200形204号。現在の鞍馬線は鞍馬電気鉄道により1929（昭和4）年12月に宝ヶ池〜鞍馬間が開通。八瀬線は京都電灯により出町柳〜八瀬間が1925（大正14）年9月に開通。1942（昭和17）年に京都電灯の鉄道部門が京福電気鉄道（京都支社）となり、嵐山線、北野線とともに運営された。◎1973（昭和48）年2月

近江鉄道

近江鉄道の北の終点米原駅。頭端ホームの先に重厚な洋風駅舎があった。右は貴生川行きのデハ5。この車両は神戸姫路電気鉄道(現・山陽電気鉄道)用として1923 (大正12) 年に造られた木造電車の車体を車体だけ転用した。左の24号は郵便室のあるハユ24号。黄色と茶色の塗装も西武鉄道の旧塗装に似ている。◎1958 (昭和33) 年8月11日　撮影:荻原二郎

近江鉄道の木造電車。TcMcの2両でクリーム色とエンジ色の塗色。手前は木造客車に運転台を取付けて「クハ」としたクハ1212、2両目はデハ1形で1928 (昭和3) 年、高宮〜貴生川間電化時に投入された。◎米原1959 (昭和34) 年6月28日

近江鉄道彦根駅構内。滋賀県東部のいわゆる湖東地方は日本海側の気候で冬は雪がちらつくことが多い。写真右側は東海道本線でEF15牽引の貨物列車が通過。

ED14形ED14 3、ED14形は4両全機が近江鉄道に入線した。ED14形は2019年までに4両すべてが解体された。
◎彦根　1975（昭和50）年10月

1930（昭和5）年製造の1101。元阪和電鉄（現・JR阪和線）のロコ1101で1951（昭和26）年に国鉄から譲渡された。右は元伊那電鉄（現・JR飯田線）のED31（ED31 3）。ED31は5両が近江鉄道で使用されていた。◎彦根　1975（昭和50）年10月

1973年に東武鉄道から譲渡されたED4000形ED4001。1930年、英国イングリッシュ・エレクトリック社製で東武鉄道では貨物列車を牽引していた。角張った車体でデッカータイプと呼ばれた。現在、ED4001は東武博物館（東京都墨田区）で東武ED10形101号として保存されている。◎彦根　1975（昭和50）年10月

近江鉄道モハ1形＋クハ1213形（先頭はモハ1）。1963（昭和38）年に木造車の台車、機器を利用して車体が新製された。前面2枚窓の湘南スタイルだが、車体幅が狭い近江スタイルである。◎1975（昭和50）年10月

奈良電気鉄道

奈良電鉄（現・近鉄京都線）桃山御陵前〜向島の澱川鉄橋を渡る京阪三条行きの奈良電鉄デハボ1000形。デハボ1000形は1928（昭和3）年の奈良電気鉄道京都〜西大寺間開通時に登場し、同電鉄の主力車両だった。1963（昭和38）年10月、近畿日本鉄道との合併時に近鉄モ430形となった。当時は丹波橋で京阪電鉄と相互乗り入れを行っていた。
◎1957（昭和32）年7月

宇治川にかかる澱川鉄橋を渡る奈良電鉄のデハボ1200形（近鉄合併後モ680形特急車となる）、2両目（右）はクハボ600形と思われる。澱川鉄橋は宇治川に架かり単純トラス橋としては径間がわが国最大の164.6メートルで国の登録有形文化財となっている。建設時にはこの場所が旧陸軍の架橋演習地点で川に橋台を建てられなかったことによる。◎桃山御陵前〜向島　1957（昭和32）年7月

信貴生駒電鉄

近鉄生駒線は信貴生駒電鉄として1927（昭和2）年に王寺～生駒間が開通。1964（昭和39）年10月に近畿日本鉄道に合併され生駒線となった。写真の電車は信貴生駒1形。信貴山（朝護孫寺）への参拝客輸送が主目的で信貴山下から信貴山上まで東信貴鋼索線（ケーブルカー）があったが、1983（昭和58）年8月末限りで廃止された。現在は沿線が宅地化し通勤線区になっている。
◎1959（昭和34）年4月

大和川鉄橋を渡る信貴生駒電鉄。車両は木造のモ200形で正面5枚窓。1914（大正3）年に登場した大阪電気軌道（近鉄の前身）開通時の車両で卵型と呼ばれる関西私鉄独特のスタイルである。◎王寺～信貴山下　1959（昭和34）年4月

紀州鉄道

国鉄御坊駅と御坊市の中心、西御坊を結ぶ紀州鉄道。かつては御坊臨海鉄道と名乗っていたが、1973（昭和48）年に不動産会社が譲り受けて紀州鉄道という壮大な名前になった。写真の車両はキハ600形604号で、この車両は2010（平成22）年に解体されたものの、同形の603号が御坊市内で保存されている。
◎1977（昭和52）年6月

紀州鉄道は御坊臨海鉄道として紀勢本線（当時は紀勢西線）御坊駅と御坊市街地の連絡を目的に1934（昭和9）年8月に御坊〜日高川間3.4キロメートルが開通した。1989（平成元）年3月末限りで西御坊〜日高川間が廃止され、現在は御坊〜西御坊2.7キロメートルのミニ鉄道である。写真手前はキハ16（元国鉄のキハ41000形）。◎1977（昭和52）年6月

紀州鉄道キハ600形603、同線は国鉄御坊駅の切り欠きホーム（0番線）から発車し、国鉄との間には改札はない。反対側にDF50牽引の客車列車が到着している。紀勢本線の電化工事中で架線柱が建っている。このキハ603は現在御坊市内で保存されている。◎御坊　1976（昭和51）年8月

ディーゼル機関車DC251、熊本県の熊延鉄道、滋賀県の江若鉄道を経て紀州鉄道に入線。1984（昭和59）年の貨物輸送廃止に伴い廃車となった。◎1977（昭和52）年6月

野上電気鉄道

野上電鉄の始発駅日方に停車中の元阪神電鉄の小型車両。右が元阪神1101形のモハ30形モハ32で窓上の細長い明り取り窓が特徴。左が同じく元阪神1101形のクハ100形104でラッシュ時の増結用である。写真左は国鉄紀勢本線海南駅で電化ポールがすでに建っている。同線和歌山〜新宮間の電化は1978（昭和53）年10月。◎1976（昭和51）年8月

野上電鉄は日方（紀勢本線海南駅に隣接）と登山口間11.4kmを結んでいたが、1994（平成6）年3月末限りで廃止された。車両は阪神電鉄の小型車が中心で、画面中央の車両モハ24は元阪神の601形で正面5枚窓である。写真右に国鉄海南駅が見え、国鉄への乗り換えホームのある連絡口から終点の日方に向かってくるところ。◎日方〜連絡口　1976（昭和51）年8月

元阪神601形604号のモハ24。1926（大正15）年製造で正面5枚窓貫通ドア付きで、1961（昭和36）年に野上電鉄に転入したが台車は元・南海のものを使用。この604号は尼崎センタープール前付近の高架下にある阪神電車まなび基地で保存されている。
◎日方　1964（昭和39）年2月23日　撮影:荻原二郎

江若鉄道

琵琶湖西岸の浜大津〜近江今津間51.0kmを結ぶ江若鉄道は1931(昭和6)年1月に全線開通し、湖西地方の主要交通機関だったが、道路の整備や国鉄湖西線建設に伴い、1969(昭和44)年10月末日限りで廃止された。写真は三井寺下の車両基地。線路は撤去され、ディーゼル車の廃車体が並んでいる。中央の20号は国鉄キハ07の払下げ車。◎三井寺下

琵琶湖西岸を走っていた江若鉄道。写真左が1935（昭和10）年登場の流線形ガソリンカー（戦後にディーゼルカーとなる）キニ（国鉄流ではキハニ）9で客車を牽引している。右は木造客車の車体を鋼製化した125号。◎三井寺下　1959（昭和34）年8月

奈良ドリームランド

1961（昭和36）年7月にオープンした奈良ドリームランド。米国ディズニーランドを模した遊園地で、ディーゼルエンジンで動く弁慶号形SLと米国風客車が一周した（軌間1067ミリ）。写真左に東大寺大仏殿と若草山が見える。市内からもマッターホルンを模した岩山？が見え、古都にふさわしくないと景観論争になった。2006（平成7）年に閉園した。◎1964（昭和39）年11月

水間鉄道

水間鉄道は厄除け観音水間寺への参拝客輸送のため1926（大正15）年1月に貝塚〜水間（現・水間観音）間5.5キロが開通し、当初から電化された。南海電鉄の支線的存在で軌間も南海と同じ1067ミリである。写真のモハ55は宇部鉄道（山口県）が1930（昭和5）年に製造したデハ101。戦時中に国鉄宇部線となったが、1953（昭和28）年に水間鉄道に転入し1970（昭和45）年まで運行された。◎1965（昭和40）年5月12日　撮影:荻原二郎

有田鉄道

有田鉄道はみかん輸送を目的に1916（大正7）年7月に全線開通したが、後に国鉄紀勢西線の開通で藤並〜金屋口間5.6キロとなった。写真のキハ210は元国鉄キハ07（旧キハ42000形42037）であるが1982（昭和57）年に廃車。1995（平成7）年3月以降は土休日全列車運休となり、平日の通学輸送だけを行った。2002（平成14）年12月末限りで廃止された。◎藤並　1965（昭和40）年8月1日　撮影:荻原二郎

和歌山電気軌道

和歌山の路面電車である和歌山電気軌道は和歌山市駅（南海）〜新和歌浦間が1913年（大正2）年に開通、1929（昭和4）年に海南駅前まで開通した。写真は新町線（公園前〜東和歌山駅間）の300形303号（1937年製造）。1957（昭和32）年に和歌山鉄道（現・和歌山電鐵貴志川線）と合併し、1961（昭和36）年に南海電鉄和歌山軌道線となったが1971（昭和46）年3月末限りで全線廃止された。◎東和歌山（現・和歌山）駅前　1957（昭和32）年8月30日　撮影:荻原二郎

淡路交通

島の電車といわれた淡路交通。洲本〜福良間23.4kmが1925（大正14）年6月に全線開通し、戦後の1948（昭和23）年に電化。1966（昭和41）年9月末限りで廃止。電車は元阪神電鉄の609＋610の2両。洲本駅はバスターミナルを兼ねたターミナルで、神戸港、深日港（大阪府）への連絡船が接続した。「特急65分、急行70分」は南海淡路ライン（深日港〜難波間）のPR。◎洲本　1961（昭和36）年4月29日　撮影:荻原二郎

北丹鉄道

元・南海電鉄の木造電車モハユ751形751の電装を解除し、客車にしたハニ11。南海の天下茶屋工場で客車に改造の上、1959（昭和34）年に転入した。北丹鉄道ではディーゼル車に牽引された。正面5枚窓のいわゆるタマゴ形である。◎河守　1966（昭和41）年6月5日　撮影:荻原二郎

北丹鉄道は福知山・山家間に計画されたが、1923（大正12）年非電化福知山・河守間のみが全線が開通したが、資金難でここで止まった。由良川沿いで何度も洪水の被害も受け、1971（昭和46）4月末で休止、5年後に正式廃止。左のキハ101は元国鉄キハ04。右は元南海の木造客車ハニ11。1988（昭和63）年7月、ほぼ並行して宮福鉄道（現　京都丹後鉄道宮福線）が開通。◎河守　1966（昭和41）年6月5日　撮影:荻原二郎

三重電気鉄道

左側は標準軌間（1435ミリ）の三重電気鉄道湯の山線（現・近鉄湯の山線）ク6504、右側が軌間762ミリの三重電気鉄道八王子線（現・四日市あすなろう鉄道）モニ（国鉄流ならクモハニ）211。翌1965（昭和40）年4月に三重電気鉄道は近畿日本鉄道と合併した。湯の山線は1964（昭和39）年3月に改軌（762ミリ→1435ミリ）されており、近鉄四日市駅では1435ミリと762ミリの電車が並ぶ光景が見られた。◎四日市　1964（昭和39）年5月2日　撮影:荻原二郎

新松阪〜大石間20.2キロは1912（大正元）年に松阪軽便鉄道として開通。1929（昭和4）年に電化。戦時中に戦時統合で三重交通になり、1964（昭和39）年2月に三重交通の鉄道部門が三重電気鉄道となり、同社大石線となったが、同年12月に廃止された。写真はモニ200形201号。起点の新松阪は国鉄松阪駅に隣接。◎昭和　1904（昭和39）年9月1日　撮影:荻原二郎

西桑名〜六石間は1916（大正5）年8月に北勢鉄道として開通し、1931（昭和6）年7月に阿下喜まで開通し同時に全線電化された762ミリの軽便鉄道。戦時合併で三重交通となり、1964（昭和39）年2月に三重電気鉄道、1965（昭和40）年4月に近畿日本鉄道北勢線となったが、2003（平成15）年4月に三岐鉄道北勢線となった。写真は1931（昭和6）年の電化時に投入されたモニ221形224号を先頭の3両。車体幅と線路幅（軌間）の比率が1067ミリとほぼ同じのため762ミリにもかかわらず線路幅が広く見える。◎阿下喜　1962（昭和37）年9月3日　撮影:荻原二郎

鳥羽〜賢島間を結んでいた三重交通志摩線（旧志摩電気鉄道）は1929（昭和4）年の開通で狭軌（1067㎜）だった。写真の5400形（5401）は1958（昭和33）年に登場した高性能車で一部がクロスシート。同線は1970年に広軌化され、宇治山田〜鳥羽間新線開通の同年3月から大阪、名古屋から賢島まで特急が直通した。写真右は国鉄参宮線。◎1958（昭和33）年

別府鉄道

別府鉄道は別府港と高砂線野口を結ぶ野口線3.6キロと山陽本線土山を結ぶ土山線4.0キロからなる全長7.6キロのミニ鉄道だった。肥料など貨物輸送が主目的で旅客輸送も行った。国鉄貨物輸送の合理化に伴い1984（昭和59）年1月末限りで廃止。先頭は荷台付きのキハ6（元・三岐鉄道）、最後部の客車ハフ7は神中鉄道（現・相模鉄道）開通時の2軸客車。◎土山

【著者プロフィール】

野口昭雄（のぐち あきお）

1927（昭和2）年12月大阪生まれ。

1945（昭和20）年3月大阪商業学校を卒業、日本国有鉄道に入職し、吹田工場に勤務。

1951（昭和26）年3月摂南工業専門学校（現・大阪工業大学）電気科を卒業。

1979（昭和54）年、国鉄吹田工場を退職後、国鉄グループ会社（現・JR西日本グループ）の関西工機整備株式会社に1994（平成6）年まで勤務。

永年にわたり鉄道友の会会員。同会の阪神支部長等を歴任。

【解説】

山田 亮（やまだ あきら）

1953（昭和28）年生まれ。慶應義塾大学法学部卒業後、地方公務員となる。慶應義塾大学鉄道研究会OB、鉄研三田会会員。鉄道研究家として、特に鉄道と社会の関わりに関心を持つ。

1981年「日中鉄道友好訪中団」（竹島紀元団長）に参加し、北京および中国東北地区（旧満州）を訪問。

1982年、フランス、スイス、西ドイツ（当時）を「ユーレイルパス」で鉄道旅行。車窓から見た東西ドイツの国境に強い衝撃をうける。

2001年、三岐鉄道（三重県）70周年記念コンクール「ルポ（訪問記）部門」で最優秀賞を受賞。

現在、日本国内および海外の鉄道乗り歩きを行う一方で、「鉄道ピクトリアル」などの鉄道情報誌に鉄道史や列車運転史の研究成果を発表している。

（主な著書）

『相模鉄道 街と駅の一世紀』（2014、彩流社）

『上野発の夜行列車・名列車、駅と列車のものがたり』（2015、JTBパブリッシング）

『JR中央線・青梅線・五日市線各駅停車』（2016、洋泉社）

『南武線、鶴見線、青梅線、五日市線、1950〜1980年代の記録』（2017、アルファベータブックス）

『常磐線 街と鉄道、名列車の歴史探訪』（2017、フォト・パブリッシング）

『1960〜70年代、空から見た九州の街と鉄道駅』（2018、アルファベータブックス）

『中央西線 1960年代〜90年代の思い出アルバム』（2019、アルファベータブックス）

【写真提供】

荻原二郎、安田就視

【時刻表画像】

国立国会図書館

関西の私鉄
昭和30年代〜50年代のカラーアルバム

2019年5月25日　第1刷発行

著　者……………………野口昭雄

発行人……………………高山和彦

発行所……………………株式会社フォト・パブリッシング

　　　　　　　　　　〒161-0032　東京都新宿区中落合2-12-26

　　　　　　　　　　TEL.03-5988-8951　FAX.03-5988-8958

発売元……………………株式会社メディアパル

　　　　　　　　　　〒162-8710　東京都新宿区東五軒町6-24

　　　　　　　　　　TEL.03-5261-1171　FAX.03-3235-4645

デザイン・DTP ………柏倉栄治（装丁・本文とも）

印刷所……………………株式会社シナノパブリッシングプレス

ISBN978-4-8021-3154-4 C0026